時間の中のまちづくり
歴史的な環境の意味を問いなおす

黒石いずみ・小林敬一・中島 伸・宮下貴裕 著

鹿島出版会

はじめに

　本書は、私たちの専門とする領域、すなわち都市計画やまちづくりといったものが歴史とどのような関係を持っているのか、あるいは持ち得るのかを明らかにしようとしている。これまでであれば、「まちづくりと歴史」というと、町並み保存等に向けた議論ととられたことであろう。本書では、保存に関する議論も行っているが、それだけではなく、地域の歴史に関わる幅広い計画的行為の可能性を追求しようとしている。

　優れた歴史的環境の保存が急務の課題であった都市化時代を後にし、すでに、歴史もしくは環境が持つ歴史性をいかに活かすか、さまざまな形での追及が始まっている。それらを、計画やデザインに対する規範性が強いか弱いかを x 軸に、関心の対象が主に歴史遺産の保存に向かっているのか、現代的空間のあり方に向かっているのかを y 軸にとると、次頁の図のような区分ができよう。すなわち各象限は、(A) 保存や復元の試み、(B) 再生や活用などリノベーションの試み、(C) コンテクストに沿ったデザインや建築誘導、地区のアイデンティティ強化など、(D) 生活環境が持つ歴史性への関心といった領域的広がりを表現することになる。

　この区分でいえば、本書は (D) の領域に位置づけられる。私たちは住宅地や商業地、田園や集落など、一般的な生活環境が持つ歴史性に着目するのである。保存対象とならないような歴史性に何の価値があるのかと思われる向きもあるかもしれないが、そうではなく、これからの都市計画やまちづくりにとっては重要であるし、計画論的には見過ごすことができない意味があるというのが、執筆メンバーの主張である。

　このような一般的環境の歴史性に着目した先人として、第一にケヴィン・リンチを挙げたい。リンチは『時間の中の都市』において、都市の景観のうちに時間観がどのように投影されているかを分析した上で、私たちの環境イメージは空間イメージと歴史イメージとの両面から捉えられるべきことを訴えた。さらに歴史イメージが、生きているという私たちの実感にとって重要であることも指摘している。私たちの本書のタイトルが、リンチの同翻訳書のもじりであることからもわかるように、私たちはケヴィン・リンチに敬意を払うとともに、リンチの業績を基盤として、その上に新たな議論を展開しようとしている。

　もう一つ、本書の執筆者が共通して基盤としている議論は、「生活景」に

はじめに　　*iii*

関する議論である。「生活景」とは私たちの身の周りの日常的な景観を意味するが、一人ひとりの生活の中から生み出される景観、あるいは経験される景観の実存的な重要性に注目している。もちろん、そこにも空間的な側面と時間的な側面とがあり、本書は豊かな生活景を保証しているところの歴史性に特に関心を寄せている。

	規範性が強い	規範性が弱い	
	保存・復元（A）	再生・活用（B）	過去への指向性が強い
	コンテクスト（C）	生活環境の歴史性（D）	現代への指向性が強い

ただ、私たちがこうした一般的な生活環境が持つ歴史性に対して問いかけをすることになった動機は二つある。各論文の対象からわかるように、一つは、たまたま私たちが関わりを持った地域のまちづくり組織が長い活動の歴史を持っており、その歴史を掘り起こそうという気運になっていたことが発端となっている。私たちはこうした事例から、まちづくりを継続させ地域に文化として定着させてきた地域の人々の工夫と思いに学びたいと思う。

もう一つは、東日本大震災を契機としている。災害直後、身の周りの環境が破壊された時、生活はそれまでのリズムを失い、時間観も混乱した。その復旧・復興に、人々は何を手がかりにしようとしたのか、というところに、議論の出発点がある。それまでは意識しなかったような歴史が見えてくるとともに、普段の生活を安定化させていた歴史の役割も見えてくる。

これらを通じて、都市計画やまちづくりにとって、つまりは計画家にとって、歴史を掘り起こすことの意味を改めて問いたいと考えるようになった。単に計画書の添え物のように、型どおりの歴史を記すのではなく、過去に問いかける歴史的実践自体に「計画」につながる重要な意味があるのではないかと考えるようになったのである。

本書の構成

本書は次のような構成をとっている。序章「歴史的な環境の計画論再考」（小林敬一）は全体の議論に関わる理論的パートである。ここでは、私たちが普段使っている「歴史的環境」という言葉自体が歴史的産物であることを

振り返るとともに、対象を一般的生活環境にまで広げて考えた時に、私たちはどのような計画的アプローチをとりうるのか考察を行った。その過程で歴史や環境の歴史性の意味について、あるいは計画的行為と歴史との関わりについて、改めて考える必要があった。

1章から4章は、各執筆者のフィールドでの研究活動を基にした各論である。1章「震災復興の時間と計画・奥松島にて」（小林敬一）は、特別名勝でもある奥松島と呼ばれる地域を対象に、東日本大震災後の人々の動きとその背後にあった時間観について、特に復興都市計画、文化財、そして地域の生活者の三者の観点から振り返り、この間、この地域で起きていたことはいったい何だったのかと問う。筆者自身も加えたそれぞれの経験の再確認でもあるが、その背後にある時間観の違いや計画制度の特性が顕になる。

2章「カタストロフの景観を生きる」（黒石いずみ）は、東日本大震災後に、被災者が経験したものが、それまでなじみ親しんできたふるさと風景の喪失、復興事業によりつくりかえられてゆく風景、さらにはなじみのない住まい方を強いられる仮設住宅から災害公営住宅への住み移りなど、景観の混乱と疎外であった点に着目する。そしてメディアを通した意識形成や、地域の共通イメージを守る運動、住まいの共有空間づくりによるコミュニティの再生など、人々が状況に向き合う中で生まれてくる新たな地平に光を当てつつ、生活者に真に必要な空間イメージ、歴史イメージは何かと問うのである。

3章「銀座を語る「場」と語られる銀座のイメージ形成史」（宮下貴裕）は、東京・銀座通りの商店街組織「銀座通連合会」に着目し、戦前1930年代から戦後1960年代にかけて、同組織を軸になされた銀座のまちづくりに関する議論を、新聞や会報などの記録から掘り起こしている。そこでは街のアイデンティティが追求されるのであるが、現実化した開発の背後に計画文化の蓄積があることが、現代のまちづくりの水準の高さにつながっていると考えられるのである

4章「理想的田園居住を求める城南住宅組合の歴史とまちづくり」（中島伸）は、大正13年、共同借地をした土地を基に、理想的な田園生活を実現しようとつくられた城南住宅組合（練馬区）に着目する。メンバーには佐野利器の姿もあった。組合は環境を維持するために自主ルールを設けるとともに、クラブハウスを設け、親睦活動も行ってきた。戦後の混乱、周囲の市街化、相続などを経て、宅地の細分化など地域の変化は進んだが、今日でもなお、組合は住環境の維持とコミュニティ形成に寄与している。その歴史そのものに今日のまちづくりを支える力があることに気づくのである。

はじめに　　v

本書成立のいきさつ

　この執筆者の集まりは、2016 年の IPHS（International Planning History Society：国際都市計画史学会）デルフト大会、中島伸が座長を務めるパネル・セッション（7月19日）で、黒石、小林がともに発表者となったことに始まる。パネル・セッションのテーマは "Planning History and Planning Practice"（計画の歴史と実践）であった。

　この時、この三者の議論を集めると面白いものになると思ったこと、ならびに都市計画史なる領域が計画実践にとってどのような役に立つのかという日頃の問いに何らかの答えができるのではないかと思ったことは、三人に共通していたのではなかろうか。日本に戻り、小林が上京するのに合わせて小研究会を持った。このテーマに関心を持った宮下がこれに加わった。内容は四人四様であるが、四人の間では、議論をしていて相互に違和感がない。それは大きな物語に対する期待が失われた後を歩いている私たちには、さまざまな歴史物語が求められる状況は当然のことのように思われるし、その上で、さまざまな計画物語を紡ぐことが重要と実感しているからではなかろうか。

　本書が、当初私たちが抱いた思いやその後検討を加えてきた考えを十分に表現できたかどうか、そしてこれからの都市計画・まちづくりに有用な概念を抽出しえたかどうかについては、諸兄の御一読と御批判を仰ぎたい。

文責：小林敬一

平成 31（2019）年 3 月 1 日

目　次

はじめに ————————————————————————————————————— *iii*

序章　歴史的な環境の計画論再考 ……………………………………… 1
小林敬一

1. 都市と歴史との関わりを問う今日的理由 ————————————— 1
2. 歴史的環境概念の再確認 ————————————————————— 3
3. 一般的生活環境の歴史性 ————————————————————— 7
4. 環境の歴史性へのアプローチの再検討 ——————————————— 11
5. 歴史的な環境に対する新たな計画像 ———————————————— 14

1章　震災復興の時間と計画・奥松島にて ……………………………… 25
小林敬一

1. 混乱の時間に見えてきたもの ——————————————————— 25
2. 東松島市の高台都市づくり ———————————————————— 28
3. 特別名勝松島から考える ————————————————————— 34
4. 宮戸島の震災直後と高台の今 ——————————————————— 45
5. 地域の時間と計画的行為 ————————————————————— 50

2章　カタストロフの景観を生きる ……………………………………… 59
黒石いずみ

1. 復興による生活環境の変化の問題と理論的枠組み ——————————— 59
2. 語られる「失われた景観」————————————————————— 66
3. 共同の生活景観を保存すること —————————————————— 74
4. 住み移りと生活の原風景 ————————————————————— 81
5. カタストロフの景観を生きるということ —————————————— 90

目　次　vii

3章　銀座を語る「場」と語られる銀座のイメージ形成史 …………………………… 93

宮下貴裕

1. モダン都市文化の中心地・銀座におけるまちづくり主体 ―――――― 93
2. 建築的観点から紡がれる銀座の都市形成史 ―――――――――――― 96
3. 1930年代における都市美運動の萌芽 ―――――――――――――― 103
4. 1940年の東京五輪を見据えた運動の展開と挫折 ―――――――――― 106
5. 戦後に再開された運動における問題意識の継承 ―――――――――― 116
6. 議論と運動の連続性から見出される新たな歴史的文脈 ―――――――― 130

4章　理想的田園居住を求める城南住宅組合の歴史とまちづくり ……………………… 133

中島　伸

1. 城南住宅組合の90年の住環境保全活動 ――――――――――――― 133
2. 組合活動の歴史的転換点を探して ――――――――――――――― 138
3. 住民主体の住環境保全の活動 ――――――――――――――――― 149
4. 歴史を振り返るまちづくり活動と日常 ――――――――――――― 153
5. 歴史から問いかける地域の持続可能性 ――――――――――――― 159

おわりに ――――――――――――――――――――――――――――― 165

[表記に関するお断り]

・本書では、引用文など、「　　　」の中に「　　　」がくる場合、後者の括弧は“　　”で代用しています。
・著者撮影の写真の中には、アオリ補正や部分的な濃淡調整を加えているものがあります。
・「町」「街」「まち」は使い分けています。歴史的町並みや行政単位としての町には「町」を、街路や通り、あるいは対象を物的なものとして意識している場合には「街」を、まちづくりなど対象を経済―社会的・文化的なものとして意識している場合には「まち」を使っています。

序 章

歴史的な環境の計画論再考

小林敬一

1. 都市と歴史との関わりを問う今日的理由

ポスト都市化時代の到来

　都市化時代を後にしてポスト都市化時代へ入ろうとしている今日、都市計画をはじめとして都市的環境に関わる諸計画は再検討を余儀なくされている。それは、これまでの計画が、人口増加、市街地の拡大、モータリゼーション等々の現象をもたらした都市化を前提として機能していたからである。計画論的な再検討の必要性は、都市化の下で良好な環境の形成をめざしてきた都市計画のみならず、都市化からいかに歴史遺産を守るかに腐心してきた文化財サイドの計画にも及ばざるを得まい。

　このことは直接的影響から考えても明らかで、たとえば遺跡であれば、都市化の勢いが衰えれば自ずと緊急発掘調査の必要性も低下してゆく[1]。代わって、土地利用が粗放化したり不安定になることが、文化財の保護に影響するのではないかと危惧され、さらにそれは文化の担い手の問題にも及ぶ。

　このような問題意識は、文化審議会の第一次答申にも示されており、過疎化・少子高齢化による地域の衰退を「豊かな伝統や文化の消滅の危機」と捉え、文化財を「地域の文化や経済の振興の核として未来へ継承する方策」を模索しようと訴えるのである[2]。そのような取組みを考えるには、地域として、その歴史遺産のあり方や人々の歴史との関わり方について総合的に捉える視点を必要としよう。

保存の次の段階

　都市的状況が変化する一方で、史跡、町並み、名勝などといった重要な歴史遺産の文化財としての保存制度がひとまず確立したことも、計画論的な再検討を求める一つの理由である。それぞれに改善の余地はあるとしても、これら制度は一定の成果を挙げており、それぞれに継続・発展が求められることはいうまでもない。

しかし、地域としての歴史遺産のあり方ならびに歴史との関わり方を考えてみると、現状は納得できるものではない。問題は二方向に広がっている。一つは、これら文化財として保護された歴史遺産が、地域において十分に文化的に活かされているかという問題であり[3]、一つは保護対象とはならないものの、私たちの身の周り、身近な生活環境には歴史的なるものがたくさんあり、そうしたものをどのように扱ってゆくのかという問題である。

　もっとも、文化財保護制度自体、文化財登録制度（1996年創設、2004年に拡充）、文化的景観の保護制度（2004年）と、文化財の概念を広げてきており、両者の中間には、周知はされているが強力な保存の手立てを持たない歴史遺産もある。また、すでに「歴史文化基本構想」や「文化財保存活用地域計画」といった新しい計画制度が動き出しつつある。あるいは、このたびの文化財保護法改正（平成31年）が打ち出した「活用」の考え方をどのように受け止めるのかも重要である。こうした新たな手段を有効なものとするためにも、これまでの保存制度の枠を超えて、地域としてその歴史的な環境のあり方について考える必要が生じている。

高齢社会ならびに情報・知識社会の到来

　高齢社会の到来は、一見、追い風のように見える。歴史的なものや保存という行為自体に共感が寄せられやすい。しかし、寄贈されて廃校舎などに山と積まれた民具などを見ると、これからの時代、何を、どのように、保存してゆくことが、社会―経済的にも、文化的にも重要なことなのか、改めて考えざるを得ない。

　また一方で、情報・知識社会化と呼ばれる大きな変化は、私たちの歴史意識にも影響を及ぼしそうな状況である。今日、私たち一人ひとりが自分の経験、ひいては個人史に関わるものとして、身の周りに抱えている物や情報の量は、膨大である。社会においても同様であろう。情報化された出来事は、原理的には減衰することなく、爆発的に増加してゆく。そうして、刺激を豊かにすることは良いとしても、忘却のない記録の増大や、経過の感覚のない時間の横溢が何をもたらすのか、危惧を覚えるのである。

未だ解かれていない難題

　都市計画の側から歴史を見ると、そもそも都市自体が歴史的産物であり、あらゆる場所が何がしかの歴史性を帯びている。制度的な保護の手が加えられてきたのは、そのうちの一角、ランドマークとなる歴史遺産ないしは優れた歴史的環境である。

　こうした環境一般の歴史性に着目したのはケヴィン・リンチである。リンチは、『時間の中の都市』において、時間イメージが私たちの充実した生、

すなわち「生きている実感」にとって重要であることを訴えた上で、私たちが日頃、時間をどのように意識し、あるいは変化をいかに取り扱っているかを考察している[4]。そして、保存が時間イメージを豊かにする方法として機能するよう期待を述べるのである[5]。

ここで、「過去を選択することが未来を構築する上での手助けとなる」というケヴィン・リンチの表現は誤解を招きかねない[6]。しかし、都市計画が整備・開発・保全を調整するところに成立していること、言い換えると開発や保全を選択していることが、ある場所では過去のイメージを消し去り、ある場所では過去のイメージを強調する結果となっている、ということを考えると理解できよう。

すなわち、計画が環境決定論と可能論のはざまに成立しているように、時間軸においても、都市計画がつくり出すイメージにおいては、継承と未来に向けた自由とのはざまにその適切なあり方があるものと期待させる。つまり、このような両極の中での調整こそ計画・設計の尽きせぬ課題なのではなかろうか。

変化に関わる環境デザインを真に有用なものとするためには、環境イメージを空間イメージと時間イメージの両面から捉える必要があるのではないかというケヴィン・リンチの問題提起は根本的であるが、ポスト都市化時代に足を踏み入れつつある今日、私たちの立ち位置も変わってきており、環境関連の諸計画にとって、歴史とは何か、歴史とどのように関わり、歴史をどのように表現したら良いのか、改めて考えてみる良い機会ではなかろうか。

2. 歴史的環境概念の再確認

70年代における「歴史的環境」概念の確立

議論を進めるにあたって、まず「歴史的環境」という概念を再確認しておきたい。日常的に用いられているためにその意味は自明のように思われる人も多いかと思うが、保全計画領域では特定の意味でもって使われている。その言葉は意外と新しく、戦後になってようやく定着しており、そこに至る道のりは長かったと、稲垣栄三（1982）は記している[7,8]。

すなわち、この概念成立には二つの経路があると捉えられるのである。一つは、保存対象の「点から面へ」の拡張であり、もう一つは「アメニティ」という言葉に代表される生活環境への関心の高まりにある[9]。両経路を、再確認しておきたい。

保存対象の「点」から「面」への拡大

「点」から「面」へと保存対象を拡大させ生活環境まで含むに至るには、ヴェネチア憲章（1963）を経て、アムステルダム宣言（1975）等に至る考え方の変化が必要であった。

すなわち、ヴェネチア憲章（1963）では、歴史的記念建造物（historic monument）の概念が、単体だけではなく都市的あるいは田園的な環境にまで広げられるとともに、特に偉大な芸術作品だけではなく、時の経過によって文化的重要性を獲得したものまで含めるよう、価値の観点からも拡張が図られている[10]。

これが、ヨーロッパ建築遺産会議で採択されたアムステルダム宣言（1975）では、建築遺産（architectural heritage）が歴史的・文化的価値ある都市や農村の地区を含みうるとし、その保存は都市・地域計画の主要な課題であると主張される[11]。

さらに「歴史的地区の保全及び現代的役割に関する勧告」（1976）では、歴史的地区（historic areas）の保全のためには、対象を物的なものに限らず、人間活動も含めた統一体として捉えるべき（第3項・一般原則）と訴えられるとともに、技術的には保全計画作成のために総合的な調査を行うことが求められている（第19, 20項・技術的、経済的および社会的措置）。

イコモスで採択されたワシントン憲章（歴史的都市街区保存憲章・1987）では、「歴史的都市街区（historic towns and urban areas）保存」[12]というものを、都市や地域を保存すると同時に、それを現代生活に調和的に適合させ、発展させるものだと定義するのである（第4項・定義）。

わが国での議論や制度の変化もこれらに呼応しているが、こうした考え方の変化は、各国共通の社会―経済的状況の下に生じたのである。

生活環境のアメニティ

歴史的環境の保全制度確立のためには、一方で、生活環境にとっても保全が必要であると理解されなければならない。そうした考えを明確にしたのがアメニティ概念であった。

一般に、アメニティ概念は漠然として定義しづらいものと考えられがちであるが[12]、ローカル・アメニティ・ソサエティという市民まちづくり団体の活動が、英国において広く定着していたことが重要である[13]。西村幸夫（1993）は、ローカル・アメニティ・ソサエティの始まりは19世紀半ばにまで遡ること、まちごとに多様な活動が展開されてきたことを紹介するとともに、「ローカル・アメニティ・ソサエティの多方面の活動を束ねてゆく共通の概念として、この"アメニティ"が据えられている」と記している[14]。

このことを考えると、逆に、その活動内容から「アメニティ」という言葉の意味するところが理解できるのである。

生活環境を保全する意味

アメニティは、今日わが国では「快適性」と訳され、安全性、健康性、利便性とともに、都市計画が実現すべき価値の一つと考えられている[15]。また、OECDの環境政策レビュー東京会合（1976）を受けて、アメニティ向上の取組みが展開された。その中では、アメニティは「身の周りの環境のトータルな質」[16]と理解され、水や緑、うるおいとやすらぎ、歴史と文化などのキーワードにつながってゆく。

しかし、こうした方向に進んでいくと、逆に、アメニティという言葉は身近な環境の保全からは離れてゆくことであろう。歴史的環境概念を成立させた時、先人たちは、アメニティ概念もその具体的な活動も未だ定着していないわが国の現実を前にして、身近な環境の保全の必要性の根拠をどこに求めたのかと、問う必要があろう。たとえば、大谷幸夫（1972）は、自然と文化といった環境が総合体であり歴史的形成体であって、それが人間形成に関わっているから重要だと説く[17, 18]。また、大谷（1973）では、環境の高い質は、その共有的体制に基づく社会や価値観によって維持されているとし、環境には包括的意味があることからその保全の必要性を説くのである[19]。一方、稲垣（1976）も「歴史的環境を総体として、人間が生きることに直截の意味をもつもの」[20]と捉えることによってその保全の必要性を訴えた。

博物館的保存と現代生活との矛盾に対して

しかし、一般には、歴史遺産としての保存と、開発を求める現代生活とは対立するのであるから、両者の融合が容易でないことは想像に難くない。たとえば、大谷（1978）は、歴史的環境保存の意義は、わが国の伝統的文化と現代文明の間の「確かな文脈を探り、それを確立することにある」[21]としながらも、それを安易に求めてはならないと戒めるのである。簡単には融合しない両者の間の矛盾論として捉え、運動を通じた可能性の追求を訴えたものと考えられる。

一方、保存が博物館的保存から出発しており、現実の創造行為と隔たったものとなっていることから、稲垣（1971）も「都市の魅力は、歴史遺産の集積によって得られるのではなく、市民の活動の表現としてとらえられなくてはならない」[22]と、生き生きとした地域を取り戻すことに期待を寄せるのである。

歴史的環境概念の成立には、博物館的保存から出発した保存とアメニティの考え方との融合が必要であるとともに、現代生活と物的保存との両立を必

2. 歴史的環境概念の再確認

要とした。それは結果として、地域環境の運営に、従来の保存という枠を超えた新たなものを求めることになったものと理解される。

伝統的建造物群保存地区におけるまちづくりの応答

こうした歴史的環境についての議論が進むとともに、伝統的建造物群保存地区が 1975 年に制度化され（以下伝建制度、伝建地区などと呼ぶ）、その後順調に重伝建としての選定件数も伸びてきている[23]。

そして実際、そこでの保存概念は、従来の博物館的な保存から大きく修正された。それは、西村幸夫（1999）の指摘によれば、特別なものから何げない町並みへの対象の広がり、暮らしを見つめなおす運動方法論の深まり、物的なものから「地域が共有できる歴史・文化認識としての町並み」へといった変化であったと理解される[24]。

本稿は伝建制度を批判したり評価したりするものではないが、その成果に関して 2 点を確認しておきたい。

制度評価の尺度としては、修理事業、修景事業の進展もあろうが、先述の議論を踏まえれば、市民活動の高まりとまちづくりへの結びつきを問う必要があろう。たとえば、住民が自分たちのこととしてまちづくりを捉え、まちづくりを主体的に語れる状況が生まれているとすれば、それは重要な成果であり、たとえば石川忠臣（1999）が表現するまちづくりの主体としてのマインドなどは、重要なポイントと考えられる[25]。

また、伝建地区のうちのいくつかは、今日、大変な観光客でにぎわっている[26]。もともと物的な保存は、かえって地区の社会的変容を余儀なくするものと心配されていたので、観光地化を手放しで成功と呼んで良いものかどうかわからないが[27]、経営的観点からすれば、都市の誘致圏を広げることによって経済的な自立性を高めており、歴史的環境のあり方に新たな可能性を加えたものといえよう。

その先に向けた本稿の課題

歴史的環境概念は伝建制度の成立につながり、結果として前記のような成果を挙げて今日に至っている。しかしはじめに述べたように、その制度の外側には保存対象となっていない、あるいはあまり強い規制力によって守られているわけではない歴史遺産が多々あるし、一般的な市街地の持つ歴史性についてはあまり考えられてきてはいない。

それに、そもそも環境的かつ歴史的な文化財は建造物だけではなく、身の周りには史跡や埋蔵文化財なども数多くある[28]。これらも地域の人々の生活と関わりを持ってしかるべきものであり、地域の中で理解され、守られてゆくことが望まれる[29]。

ここでさらなる保存対象の拡大を考えるのも一つの道筋であろうが、対象等のさらなる拡大に伴って保存概念自体の変容も必要となる。後者のあり方を考えないことには、前者をいくらいっても始まるまい。それには、いったん現行の保存制度から離れ、制度化された歴史的環境の外側に広がる一般の生活環境に立ち返って考えてみる必要があろう。そこにある歴史性とは何か、それを計画がいかに活かし得るかといった点について改めて考えたいが、それはケヴィン・リンチの問題意識にまで立ち戻ることを意味しよう。

3. 一般的生活環境の歴史性

(1) 一般の生活環境の歴史性を保証するもの

一般的生活環境の歴史性とは何か

　ところで、一般的生活環境の持つ歴史性とは何であろうか。環境が、時間をかけて形成されるという意味で、すべからく歴史的であることを考えると、ある場所を私たちが積極的に「歴史的」と認める場合に注目してみることが、この問いに答える糸口となるものと考えられる[30]。

　ただ最初に、感覚的な受け止め方はひとまず除外しておきたい（ひとまずというのは、後で再び呼び戻されることになるからである）。古びていたり、「わび」「さび」を感じさせる光景は、歴史的風情と感じられる。しかし、そこに歴史的な風趣を認めるのは受け手の感覚と感性の問題であろう。あるいは、それは表現に関わる問題であって、整備やデザインにとっては重要な問題だが、よくできた舞台セットを歴史的とはいうまい。それは、環境の歴史性を補完して、その歴史イメージをよりわかりやすくしたり、魅力的にしたりすることはできるが、直接対象の歴史性を左右するものではないと、ひとまず考えておくことにする。

　今、ここで問うているのは、私たちの環境が歴史的存在であることが、何によって確証され広く了解されるのかということである。それは対象とする物や場所が歴史的であるという私たちの直感を支え保証するものである。

「物」と「情報」？

　そのようなものは、昔から二通りしかあるまい。比較的安定的な「物」の存在と、かつては言い伝えであったが今日では科学の裏づけを得ている「情報」ではなかろうか。「物」によって保証される歴史性と、「情報」によって保証される歴史性といってもよい。

　比較的安定した「物」の存在は時間の経過を実感させ、過去の状態をうかがわせる。たとえば、骨董、遺物、古びた建物、廃墟、墳墓、石碑、石垣、

古道、古社寺、地層、山、川。身の周りのそうした「物」たちが環境の歴史性をつくっている。一方、伝説、記録、発掘調査、歴史的研究を通して得られた数々の知見、等々の「情報」もまた環境の歴史性をつくっている。

しかし、こうして列挙してみると、この二分法には曖昧さがある上、両者は媒体の違いであって、歴史性を保証する仕方に本質的な違いはないように思われる。

遺跡などの「物」も歴史資料などが提供する「情報」も、歴史知識の証拠となると同時に、歴史知識によって解釈されてその意味を明らかにする。両者が歴史性を保証しているのではなく、両者を結びつけ、両者の礎の上に歴史像（物語）[31]を描き出している歴史知識こそが歴史性を保証しているのではなかろうか。歴史知識と両者は不可分のものとはいえ、歴史知識という総合するものがなければ、歴史性は保証されることはなかろう。それはまた、歴史諸科学[32]が行う総合化の働き、あるいはその過程が不可欠であることを意味する。

加えて、ここで挙げたような「物」と「情報」の境界は曖昧である。たとえば、建造物がなくなっても敷地割りや町割りは残る。物は朽ちてゆくが、痕跡を残すのである。痕跡の中には地図の上で初めて確認できるものもある。こうしたものは「物」であろうか「情報」であろうか。そうしたものも歴史知識によって総合化されている。

組織化し総合するもの

このように考えると、「物」や「情報」などさまざまな要素を総合して歴史像を浮かび上がらせている作用こそが問題であるが、この点に関して安原啓二（1979）は興味深い指摘を行っている。

安原氏は『文化財保護の実務』の中の「遺跡の修景的整備」の章を担当するのであるが、修景整備の技術的説明をする前に、伝統的な地域社会において「生活空間と遺跡との間に、不連続な面が」ない状態を描いている[33]。それは、遺跡が特別な場所として隔離されるのではなく、生活空間の中にあって、地域の人たちの普段の生活の中で、親しまれ、大切にされていた、かつての姿である。そうした「地域社会における遺跡の存在のしかた」を「遺跡の整備活用を考えるうえで最も重要なこと」だというのである[34]。

つまり伝統的な社会においては、地域の生活が「物」と「情報」を結びつけ組織化していたといえよう。近代に入って、その生活が果たしていた役割が、歴史諸科学ならびにそれがつくり出した歴史知識に取って代わられたと理解できる。この転換は、人々の生活ならびに土地利用の合理化、そして博物館型の保存の推進などと一体的な変化と考えられる。結果として、日常生

活から歴史が切り離され、歴史を語る主体も、住民から専門家へと変わったのだ。

(2)「物」が意味づける生活環境の歴史性

「物」が歴史性を保証する仕方—1

しかし、「物」の役割はこれですべてなのだろうか。「物」は歴史知識を支えるが、歴史諸科学は、「物」も情報も、あるいはそれ以外のものも、すべてその同じ側面しか見ない。つまり、あたり前のことだが、歴史諸科学にとってそれらは皆、歴史知識を支える資料（データ）ないし根拠（エビデンス）でしかない。しかし、「物」の働きはこれですべてなのだろうか、というのが問いである。

ここで思い起こされるのは、レヴィ＝ストロース（1962）が紹介するチューリンガの事例である[35]。オーストラリア中部の事例として紹介されているそれは、石か木でつくられた物体だが、「きまったある一人の先祖の肉体を表わす」[36]ものであって、「先祖と子孫とが同じ一つの肉体であることを手で触れる形で証拠づけるもの」[37]である。それを持つ者は、定期的に取り出して手で触れ、手入れをし、呪文を唱えて祈るのだという。

これに類したものを今日の身の周りに探して、レヴィ＝ストロースが引き合いに出すのが古文書である。すなわち、それらによって、私たちは「純粋歴史性」に触れることができ、逆にそれらが失われると、「通時的味わいとでも呼びたいものが失われる」という[38]。つまり、こうした「物」は、私たちを遠い過去と結びつけるとともに、私たちの直感の時間的な立体感を保証する働きがあると理解される。

しかし、ここでチューリンガは特に古い「物」というわけではない。それが行っているのは、歴史ないしは出来事の、あるいは歴史や出来事に対する思いの、物象化であろう。それはその物そのものの特性ではなく、一種の「儀式」によって与えられた特性ではないか。

「物」が歴史性を保証する仕方—2

「物」が儀式によって意味づけられることに着目したのは、ヴァルター・ベンヤミン（1936）である[39]。ベンヤミンの関心は芸術作品に向けられているが、その最古のものは「儀式に用いられるものとして成立した」というのである[40]。

ところが、今日、複製技術時代には、芸術作品が複製されるようになるだけではなく、芸術作品自体が複製可能な性格に変わってゆく。すなわち、試し試し編集しながらつくられるなど、「より良くつくり直される可能性」を

3. 一般的生活環境の歴史性　　9

もってつくられるようになる[41]のだという。

このことによって芸術作品は一回的性格を失い、結果として「真正さ」を失うという。一回的性格を持つ事物の真正さとは、「この事物において、根源から伝承されるものすべてを総括する概念であり、これにはこの事物が物質的に存続していることから、その歴史的証言力までが含まれる」[42]のである。

芸術作品が一回的なものでなくなることによって失われるものを、ベンヤミンは「アウラ」と呼んだ。それはまた、芸術作品が儀式に用いられるゆえに与えられていたものでもあったのだ。

ベンヤミンの議論は、私たちがつくる「物」にまで拡張することができよう。量産品でもってつくられ、しかもどこにでもあるようなものとしてつくられる今日の「物」たちはアウラを失っているのであるが、遺跡や古文書のように年月を経たものは一回的性格を獲得する。

一方、年月を経ずとも、また普通の材料でつくられていようとも、チューリンガがそうであるように、アウラを備えるものもある。たとえば、私たちの一般的な生活環境の物たちは、年月をさほど経ていなくとも、そこに生活者の手が加えられ、あるいはその生活を反映し、生活者の生の一回性を反映する時、そこにアウラが認められるのではないか。

生活景の一回的性格と歴史性の二側面

私たちは、このような生活感の感じられる景観を「生活景」という言葉で呼んできたが、その景観が持っている魅力は、古いからというわけでも、揃っているからというのでもない。いろいろな時代のものが混ざっているけれども、生活者によって、生活の中で、手が入れられ、形づくられ、生活がにじみ出している。そのような景観である[43]。それは素朴だけれども、時に「わび」「さび」を感じさせるような味わいあるものが生まれる。

このような魅力は、開発であろうと保存であろうと、整備の手を入れると失われる。それは、今までなかなか明確に意識できずにいたのだが、このアウラという概念ないし事物の一回的性格がその本質的なところを説明しているように思われる。

ところで、このように考えてくると、一般的生活環境の歴史性を「物」と「情報」の二要素で説明しようという本稿の先ほどの企ては棄却されるべきであろう。すでに述べたように、それらは、歴史知識を支える要素となる時には、両者の間に大きな違いはなくなる。それに対し、環境の歴史性を確かな歴史知識によって保証しようとすることと、その環境の一回的性格によって保証しようとすることとでは、180度の違いがある。

このアプローチの違いは、科学と芸術との違いでもある。前者は動的で

10　序章　歴史的な環境の計画論再考

はあるが安定性を持った歴史知識を構築しようとする歴史諸科学の営みであり、後者は環境自体が持つ一回性に迫ろうとする芸術的営みを意味する。前者は不変的真理（事実）を追及するのに対し、後者は生成流転するものに迫ろうとする。つまり、私たちが環境や場所を歴史的であると認めるのは、それが歴史知識に裏付けられた場合とともに、一回的な存在の仕方をしているこの世界がはかなく、いとおしいものであることを理解する場合であることに思い至る。

これからの時代に向けて今日的課題を考える

　一般的生活環境を対象として、これからの歴史的な環境との関わり方を問おうとする本稿にとって、問題は絞られてきたように思われる。

　今日の精神―文化的状況においては、環境や場所の歴史性はもっぱら科学的アプローチを通した歴史知識形成に依存しているのであるから、まずはその特性を理解する必要があろう。

　一方、芸術的なアプローチは、近年、私たちの文化において忘れられているのではないかと心配するのであるが、科学的アプローチとは異なる役割を持っているので、幅広い場面で合わせて考えられるべき課題であろう。

　そして、これからの時代に向けては、両者の融合が可能かと問うとともに、人々の生活・意識に基づく歴史的な環境像から、歴史諸科学に基づく歴史的な環境像へと移行してきた専門化の流れに対して、再び地域との関わりを問おうとするのであれば、生活者との関わりを取り戻すべく次の新たな段階を構想することができるかと問わなければなるまい。

4. 環境の歴史性へのアプローチの再検討

科学的認識方法をとる歴史諸科学の特徴

　現代において、歴史的な環境を輝かせるためにも、その歴史性を保証しているところの歴史諸科学に対する理解を改めて確認しておきたい。中でも「歴史」というもの、これが何であるのか、私たちはわかっている気になっているが意外と難しい。たとえば、歴史があって歴史学があるのか、歴史学があって歴史があるのか、考えてみるとややこしい[44]。

　実はこれに関しては歴史哲学という領域の研究蓄積があり、私たちも一度は、その片端なりとも学ぶ必要があろう[45]。とはいっても、ここで私にできることは、せいぜい自身の理解を、いくつかの文献を引きながら確認する程度のことであるが。

　第一に、歴史学を含め今日の歴史諸科学が科学的認識の上に立っている

ことは、その重要な特徴である[46]。科学的認識の上に立っていることは、歴史諸科学と過去自体との関係が、自然科学と物自体との関係と同形であって、そこに無限の探求というプラトニズムを成立させていることからもうかがえるし[47]、さらに認識に際しては、帰納的飛躍やアブダクションによる仮説形成が必要であり、そしてその仮説は十分な根拠によって支えられているとともに、関連する知識と整合的であることでもって、反証可能なものという制限付きながら受け入れられるといった科学的知識のダイナミズムのうちにあることから考えても、明らかと思われる。これらは現代の合理的精神の反映に他なるまい。

　科学的認識の上に立っているということは、科学が一般的に有する特徴や問題点を、他にも同様に備えていることを意味する。特に、年代記（クロニクル）を漫然と眺めていて歴史が見えてくるわけではなく、問題意識をもって問いかけることが重要であるということは、歴史的事実が見えるということが、見る側のまなざしの形成と対になっていることを意味していよう。すなわち、歴史的事実の認識には解釈学的循環を乗り越える必要があり、さまざまな角度から解釈できるだけの基礎知識の修得があらかじめ必要ということになる。そうして、歴史学の営みは、歴史家と事実、現在と過去との間の対話に譬えられることになる[48]。その真理は、適切な問いかけをし、適切な方法でアプローチしたときに初めて顕になってくるものなのである。

　しかし、逆にこのような科学としての特性からすれば、過去自体に向かってどのような問いかけをすべきかということには必然性はなく、多様で限りない歴史探究が可能であることを意味する。

　歴史を振り返るにあたって、人間が真に理解できるものは人間がつくったものであるというヴィーコの言葉を思い起こすと[49]、これまで歴史が自ずと権力、制度、思想、技術の歴史となってきたことが納得されるが、近年には文化、社会、生活にまで関心が広がり[50]、さらに個々の歴史を物語るという実践行為にまで歴史的関心は広がってきている[51]。

芸術の役割の再評価

　一般的生活環境の歴史性を保証しているもう一方の精神的な営み、芸術の役割については忘れられがちであるが、空間的にも時間的にも一回的にしか存在しえない私たちならびに私たちの地域を、あくまでも一回的なものとして輝かせるためには、今日も芸術の働きに期待する点で変わりはない。たとえばオクタビオ・パスの詩論は「現実の各々は唯一無二」であるとし、詩に対して、言葉を超えて、その現実に迫ることを求めている[52]。そう、一回性というのは唯一無二性でもあるのだ。

12　　序章　歴史的な環境の計画論再考

かつてクローチェは、「歴史が扱うものは、すべて具体的な個別的事実」であるのに対し、芸術も「個を直感的に想像」し、「個を認識」するものであることから、歴史は実際に起きたことを物語る芸術だと考えた[53]。

　ベンヤミンは芸術作品のアウラを論じたが、この私たちの生活環境もかつては、芸術的まなざしで見るとアウラで満ちていたはずである。過去形で述べるのは、今日の都市的環境（整備された遺跡や町並みも含め）はこれを複製可能な人工物で覆い、その本来の一回性を忘れさせるからである。

　一回的な性格を際立たせたり、一回的にしか存在しえぬことを思い起こさせることは、環境の歴史性を改めて認識させることになろうし、一般的生活環境の中に美を見出すことにもなろう。

　これまでに、このような企てに成功した美意識として「わび」「さび」がある。茶の湯や俳諧などにおいて追及された「わび」「さび」は、単にその見た目や情趣の問題とすることはできない。表面的にまねられたもの、計算してつくられたものは、「さばしたる」ものなどとして否定されているからである[54]。むしろ日常的なもの、つくりものではない自然さの中に美を見出すことが重要であった。

　もちろんこの「わび」「さび」という概念、数々の茶人、俳人の実践の中で展開され、その意味を豊かにしていったものと見られる。たとえば茶の湯、もともとは「審美的な生活芸術として成立した」ものであるが[55]、「対象に即して、新しい美を見出す創造的な力」を求めてもおり[56]、あるいは「なんらか満たされない不足の状態にかえって積極的な意義をみいだし、そこに情趣を感じとりうる心」を求めてもいる[57]。

　このように考えると、美観の問題というよりもむしろ、「一期一会」の心を持つことによって、私たちの日常生活のうちに普通にあるものの中に、至上の美が見出される状況をつくるという参加型アートプロジェクトになっているところに意味があるように思われる[58]。ものの見方を変えることによって、経験内容が変わる。そのキーコンセプトである一期一会こそ、まさに一回性の自覚であり、この世界の宿命的な存在様態に対する覚悟と考えられるのである。

　そして、今、このことに着目するのは、それら芸術のこれまでの成果に対してではなく、それらが、一回性の自覚から歴史性の理解に至る芸術的実践の可能性を示す良い例だと考えるからである。

5. 歴史的な環境に対する新たな計画像

計画論的課題を考える上での立脚点と姿勢

　一般的生活環境の歴史性なるものが何なのか、以上、考えてきたが、それは歴史性を今日的精神がどのように捉えているのかという問題でもあった。その捉え方を計画のあり方に反映させることができるか、最後に考えてみたい。ただし、そのためには今日の状況にどのように向き合おうとしているのかという私自身のスタンス（立脚点と姿勢）を先に明確にする必要があろう。

　すなわち、科学的な合理精神が徹底するとともに専門化が進む状況に対し、第一には、私たち市民の理解の重要性を訴える必要があろう。理解の広がりと深まりがなければ、保存に対する共感も生まれず、環境の歴史性が文化的に活かされることもなかろう。理解を広げ深めてゆくためのプロセスを問う必要がある。

　第二に、歴史性のもう一方の側面といったらよかろうか、私たちを恒久的・普遍的なものに向かわせる科学の働きの裏側にあるもの、つまり一回性の覚悟に向かわせる芸術的感性の働きに再び光を当てる必要があろう。科学時代といってもよい今日、日常意識することはほとんどないかもしれないが、人工的に整えられた町並みや遺跡を見て感じる違和感や、朽ちた廃屋に感じる動揺など、それが何かもわからないままに時折意識される一回的性格は、ここでの議論に間違いがなければ、身近な生活景が持つ魅力にも通じている。そうしたものを大切にするとともに、それらを引き出し、感じさせ、共有させる芸術の働きに注目すべきであろうし、実際にどのように働かせるのか、その社会的なしくみを問う必要がある。

　第三に、歴史的な環境のイメージは、物的なものや情報的なものなどが、知識や生活の下に組織化され総合されて立ち現されているものでもある。かつての伝統的な生活の下での総合では、歴史的な場所は生活空間に組み込まれ、自ずと親しまれていたのに対し、現代的な総合においては、生活空間から隔てられたものとしてある。この点に関しては、前記、第一、第二の課題への対応が新たな総合のあり方を生み出すのではないかと期待させよう。この新たな段階を何と呼んで良いのか、未だ漠としているが、とりあえず、ネットワーク社会における科学＝芸術＝生活間の関係の回復を図る段階と考えて、そこに向けた課題を考えたい。

　もっとも、こうした考察を進めるには、何らかの具体的状況に基づかないわけにはいかない。筆者が近年、関わりを持った史跡整備、歴史文化基本構想、名勝保全、そして身の周りの一般市街地などを念頭において考察を

進めたい。

その1：コミュニケーションから理解へ

　科学の現場が知的好奇心と創造力に満ちて輝いているのに対し、その成果の享受者であるべき市民に対しては、博物館の展示や現地での説明サインなどを通じて干からびた知識しか提供されていないというのでは具合が悪い。展示やサインの仕方（狭義のデザイン）を問題としているのではなく、それ以前の問題として、展示や説明サインといったものが、すでにわかったことを専門家から来訪者に伝えるという一方向的コミュニケーション・モデルの上に成り立っていることを省みる必要がある。

　もちろん、そうしたものが必要ではないといっているのではない。しかし、私たちが学びを楽しいと思うのは、主体的に取り組んでいる時であり、その前に何かをわかりたいという気持ちがなければならない [59]。それは、佐伯胖（1995）の言葉を使えば、「文化的実践」への参加意欲である [60]。知的好奇心にも基づくそうした個々人の行動を促すことがまずは重要であろう。

　ところが、たとえば、市町村が行う史跡整備においては、わかったことを表現しようとしがちである。これでは来訪者には形式的な知識の確認にしかならないし、それまでの研究過程でなされた科学的推論や議論などの"楽しみ"や、まだわからないことに向かう"楽しみ"も伝わらない。議論や推論の積み重ねの過程を伝えたり、まだわからないことも示しながら、ともに考えてゆく姿勢が重要ではないか [61]。

　関心を育み理解を促すには、体験学習や、さらには実験考古学のようなアプローチも加わってきており、史跡指定地において遺跡を表現するばかりが整備活用の手段ではないし、町並みにおいてもさまざまな体験的な工夫が始まっている [62]。保存された歴史遺産は次第に体験・学習フィールド的な役割を強めることになろうし、広く歴史的な環境においても、個々の主体的な関心に基づき、またさまざまな形での参加を通じて、理解の深化と広がりを期待することが適切であろう。

その2：物的整備から継続的学習・研究・情報発信へ

　専門家の理解の表現だけではなく、幅広い主体の理解をめざした場合、歴史的な環境の扱い方ないしは計画においてさまざまな点で変更が必要となろう。

　第一に、限られた期間で行われる物的な整備の重要性が相対的に低下することであろう。少なくとも、一度整備をしてそれで完成形とするような感覚では取り組まれなくなることであろう。それに代わり、継続的な情報の提供や発信、体験・学習プログラムの発展などが求められるものと考えられる。

たとえば遺跡整備の場合、これまで物的環境の整備というと、鑑賞のために公園的整備がなされたり、遺跡の表現がなされたりしてきた。しかしそうした物的整備は、整備された当初はインパクトがあったとしても、じきに見慣れたものとなり、訴求力を失うことになる。常に新しい体験、発見、解釈などがあり、情報発信されていることが、魅力（吸引力でもある）を保つ上でも重要である。そのように考えると、情報発信の主体や主体的に機能するネットワークを形成するとともに、計画においても、研究や体験・学習プログラムの継続的発展を保証するしくみづくりが重要となろう。

　このことは、情報や機会の提供が受け手個々の理解度に応じてなされなければならないということにも対応している。最もわかりやすい復元展示ばかり求められるようでは困るのである。子どもたちや初学者には良いが、それは想像力の限定も行ってしまう[63]。学ぶ人には、それぞれの想像を広げてもらう必要があるし、それぞれの学習の発展とともに、より専門的な情報の提供も必要となろう。その地域の歴史遺産などを手がかりにしつつ、歴史諸科学が形成してきた知識へのアクセシビリティをどう高めてゆくのかという点で工夫が求められるのである。

　こうした計画における「物」中心の発想から、「物＋情報」に基づく発想への転換は、遺構という「物」の展示の難しさからも支持されよう。掘り出された時は迫力ある遺跡（遺構＋遺物）であっても、それをそのまま展示するわけにはいかない。保存のためには表面処理をしたり、覆土をしたりしなければならない。しかも、たとえば中世の堀・土塁のように、そのままでは、子どもが遊んで危険ということにもなる。こうした観点から手を加えていくうちに、遺構が当初持っていた迫力は失われてゆく。私たちが目にするものは、多くはレプリカ、すなわち模造されたものに代えられてゆくのである[64]。

　以上のように、たとえば遺跡整備の場合、「物としての展示」という発想にとどまらず、「体験・学習フィールド」と見做した発想が求められることになろうし、それは、知識の伝達（一方向的コミュニケーション）から知識に対するアクセシビリティ向上への変化でもある。

　このような状況は、町並みや建造物でも同様に想定されよう。歴史的な環境、特にその中でも史跡や町並みといった優れた歴史的環境における計画の重心は、目標となる保存・整備された物的状態を描き出すことから、わくわくさせるような状況をいかに実現し続けるかという動的な対応へ、すなわちマネジメントへと移ってゆくことになろう[65]。

その3：一般的生活環境の歴史性に関わるマネジメントへ

　マネジメントの考え方を地域に押し広げるなら、計画というものを短期的

で固定的なものから、長期にわたる動的で成長的なものへと変えることが期待される[66]。つまり、①継続性：常にその目的と現状との隔たりについて考えられており、②発展性：マネジメント・サイクルにしたがって[67]、それまでの成果を評価しては次の段階にその経験が反映され、③臨機応変性：状況の変化には速やかかつ柔軟な対応がなされ、④総合性：幅広くさまざまな側面からマネジメント方法・手段は考えられるといった特徴を持つことが考えられる。

しかし、地域を対象にしようとした場合、逆に、そこに生まれる計画権力に対する一定の歯止めが必要となるかもしれない。それは、私的領域ないし個的領域への計画権力の過度の介入が危惧されるからである[68]。住民主体で進められる漸進主義的な地域開発に対し、「まちづくり」という言葉が使われてきたが、それらにおいては住民が主体的かつ相互の主体性を尊重しながら進める点が重要であろう。むしろここでの、つまり一般的生活環境でのマネジメントは、多様な価値観を持った自由な多主体の緩やかなつながりの中で、一定の計画的成果を生み出すために必要なアプローチと考えられる。

ところでここで、一般的生活環境において歴史性を活かすということが何を意味するのか再確認しておきたい。それは何か特定の物的状態の実現を目標とすることではない[69]。地域の緩やかな変化の中で将来に向けても歴史性を伝え育みながら、一方で、公的・私的活動を通じて、歴史知識を豊かにしたり、地域の一回性に対する気づきを促したりすること、つまり環境的には歴史的な地域の構築プロセスに参加していることを意識すること、精神―文化的には科学・芸術の主体的な運用というところに重要性があるように思われる。

すなわち、ここでのマネジメントは、個々人から地域社会に至るまでの諸主体の、その環境をめぐる行動と意識・知識に関するマネジメントや、歴史知識や芸術的経験をめぐるマネジメントあたりに機能の発揮が期待されているものと考えられる。つまり、自由な多主体の下での主体間関係のダイナミズムを前提として、土地利用や景観など環境イメージ形成に関わる諸要因への働きかけ、あるいは科学・芸術的実践への参加機会の提供など歴史イメージ形成に関わる諸要因への働きかけ、といったことを行うことになると考えられる。

もっとも、ここで両者は決して無関係ではなく、たとえば歴史を掘り起こし地域の歴史知識を豊かにすることは、結果として、長い時間スパンの中で地域を捉えなおし、地域の変化と特性を明らかにすることになろう。その過程では、地域の自然環境の意味も理解されよう。私たちの暮らす近代も相対

5. 歴史的な環境に対する新たな計画像　　*17*

化され、これまで近代の加えた大きな物的環境改変に対しても評価する視点が得られるかもしれない。また、現にあるものの唯一無二性を理解すれば、これからつくるものにも、その調和的なあり方に意識が及ぶことであろう。一人ひとりの科学的・芸術的実践は、その地域らしさの、ひいては景観の、より深い理解につながることと考えられる。

ところで、科学的・芸術的実践のためには、地域にある種々の歴史遺産などを手がかりに[70] 関心を共通にする人が集まれば、相互の刺激も生まれ、地域の歴史的情報発信力や魅力も急速に高まるのではないかと期待される。しかし、科学的・芸術的探求は個人の問題意識に基づいて行われるべきであり、テーマ選択は強要されない。したがって、そのような組織ができるとすれば、自ずとテーマ・コミュニティとなろう。今日のようなネットワーク社会であれば、地区や市町村といった地域の枠を超えた広い範囲での人々の繋がりが生まれる可能性があり、いかにオープンで柔軟な組織を築くかがそこでの課題となろう[71]。地域の人々が、幅広いネットワークの中で、科学・芸術を主体的に運用する視点を得ることは、地域がそのうちに歴史性を回復する手がかりとなるのではなかろうか。

その4：調和的デザインへ

地域は常に変化しており、その環境構築プロセスに参加することは個々人にとって重大事であろう。特に地域の変化速度が緩やかとなり、さらにその一回性を意識するとなれば、些細なものも含めて、一つひとつの建設的行為が調和的であることが重要となろう[72]。

しかし、一つの建設的行為を調和的なものとすることの難しさは、これまでにも景観予測や景観破壊の現場で経験されてきたことである。たとえば景観は、壊された時にははっきりと意識されるが、普段の見慣れた風景においては、今、そこにあるものが重要であるという意識はなく、その景観を守るための条件も明確にはならない[73]。気づかないうちに何かがなくなっている場合すらある。しかし、破壊されてみれば、その原因も理由も明瞭に意識されるのである。

もちろん、建設計画の事前評価などの社会的なしくみや、景観シミュレーションなどの技術的な手立ても役立てる必要があるが、ここで重要なことは、事前に調和するための条件が示せないのは、調和というものが物そのものの属性の問題ではなく、できた物と周囲との関係ならびに両者が一体となってつくり出す総体に対して見る側が加える評価の枠組みに基づいているためと考えられる。この評価の枠組みは、新たにできた状態と諸主体との関係の中に浮かび上がるものだからである。

調和的なものを実現しようとすると、そこには解釈学的循環の問題が生じるのである。調和・不調和が見えてくるのは、評価の枠組みができてからであるが、対象ができて経験してみなければその評価の枠組みはできない。

歴史的な環境の計画

また、マネジメントにおいても、計画的行為を発展的に展開するには、それまでの成果の評価、現在起きている状況の把握、そしてこれからの予測といったものが重要になる。これらには皆、解釈が必要であり、歴史的認識に共通する解釈学的循環の問題を抱えている。すなわち、見方がなければ解釈ができないが、最初から見方が与えられているわけではない。

これは計画の一般的特性であって、建設的行為が調和的であるかどうかは、その周囲を含めたビジョンがなければ判断できないが、目標とすべきビジョンは、個々の変化を総合しなければ見えてこない。将来に向けては、このような個々と全体、具体と抽象、ミクロとマクロといった相互規定的な関係があり、その間の解釈学的循環を乗りこえる必要がある。

このように考えてみると、逆に、これまでこのことを意識せずにいられたのは、都市化時代には計画の目標が外から与えられると考えて疑わなかったし、安定成長期には、皆が合意したことを目標と掲げていれば安心できたからだということに気づく[74]。

歴史認識の解釈学的循環の問題を指摘するのは、物語り論を唱える野家（2016）であるが[75]、その議論に倣えば、一般的生活環境の計画は歴史認識と同様に、解釈学的循環を乗りこえて計画を物語る必要があるということになる。そして、この相互規定的な関係の中での往還と飛躍こそが、計画家が本来よくするところだったのではなかろうか。

都市化時代を後にした現代において、地域の歴史性を活かそうとする試み、すなわち長い時間尺度の下に地域に問いかけたり、一回的で唯一無二な地域を、それ自体として愛することは、地域の将来を互いに物語りあいながら進む漸進主義的計画アプローチにとって不可欠のことと考えられるのである。歴史的な環境の計画は、また環境の歴史的な計画でもある。

謝辞

本稿で参照させていただいた文献には私が直接薫陶を賜った先生方が書かれたものがあり、敬称を略すのも忍びなかったが、その部分にだけ敬称を付すとバランスを失することから、伝統的な見方からすれば失礼とは知りながらあえて敬称は略させていただいた。簡単ながら、この場を借りて学恩に感謝申し上げたい。

註・参考文献

1 ）昭和 51 年以降の統計で、発掘届出件数は平成 27 年現在なお増加を続けているが、工事に伴う発掘調査の件数は、平成 8 年にピークに達した後は横ばいを続けている。緊急発掘調査費用は、公共事業、民間事業合わせて、平成 9 年をピークにそれ以降減少を続け、平成 27 年はピーク時の 45％である。このことは埋蔵文化財専門職員数にも反映し、都道府県、市町村合わせて、平成 12 年をピークに減少を続けている。『埋蔵文化財関係統計資料―平成 28 年』文化庁文化財記念物課（2017）より。
http://www.bunka.go.jp/seisaku/bunkazai/shokai/pdf/h29_03_maizotokei.pdf

2 ）文化審議会（2017.12.8）「文化財の確実な継承に向けたこれからの時代にふさわしい保存と活用の在り方について」（第一次答申）p.3。
http://www.bunka.go.jp/koho_hodo_oshirase/hodohappyo/1399131.html

3 ）活用といった場合、さまざまな観点での活用が考えられる。歴史遺産が保護されるのは、本来、それが文化に不可欠だからであり、「国民の文化的向上に資するとともに、世界文化の進歩に貢献する」（文化財保護法）ためであろう。本稿は、さらにそのうちのいくらかが、経済的にも活用されるのであれば、それはそれで好ましいことであるが、それは一つの手段であって、本来の目的を見失ったりすることはあってはならないとの前提に立つ。

4 ）Kevin Lynch（1972）What Time Is This Place?, MIT Press、東大大谷研究室訳（1974）『時間の中の都市』鹿島研究所出版会。

5 ）Kevin Lynch（1981）A Theory of Good City Form, MIT Press、三村翰弘訳（1984）『居住環境の計画―すぐれた都市形態の理論』彰国社。そこでリンチは、保存が、自己目的化したり変化を押しとどめようという非現実的な考えに陥ることなく、時間イメージを豊かにする方法として機能するよう期待を述べるのである。原典 p.260。

6 ）ケヴィン・リンチ（文献 4）p.90、原典 p.64。この表現は修正主義のように聞こえかねないが、そう捉えるべきではなく、都市計画のイメージ形成力の問題と解す必要があろう。

7 ）稲垣栄三（1984）『文化遺産をどう受け継ぐか』三省堂、には先生の歴史的環境保全に関する論文が集められているので、以下、これを（文献 7）とし、初出は斜体で併記する。

8 ）稲垣栄三（1982）「歴史的環境保全の系譜と展望」公害研究、（文献 7）pp.182-183。

9 ）この見方を明確に記すのは稲垣（1982）・前掲書であるが、木原啓吉（1982）『歴史的環境―保存と再生』岩波書店、も同様の見方を示している。

10）ICOMOS（国際記念物遺跡会議・International Council on Monuments and Sites）設立の基礎となった宣言。その第 1 条・定義。

11）基本的な考え方の b、d などで語られている。

12）アメニティ概念が、日本人にとってだけではなく、そもそも定義しづらいものであることは、David L. Smith（1974）、川向正人訳（1977）『アメニティと都市計画』鹿島出版会、の序文に記された問題意識によっても理解される。

13）西村幸夫（1993）『歴史を生かしたまちづくり―英国シビック・デザイン運動から』古今書院。ここで市民による最古のまちづくり団体（1946 年設立）としてデボン州 Sidmouth のアメニティ・ソサエティが紹介されている。またローカル・アメニティ・

ソサエティの数は戦後50年代半ばから急増したことが示されている。p.7。

14) 前掲書 p.151。

15) 日笠端（1977）『都市計画』共立出版。ここでは、WHO住居衛生委員会第1回報告書（1961）に示された環境の目標の一つと紹介されている。

16) アメニティ・タウン研究会／財団法人日本環境協会編著（1989）『ふるさと・アメニティ・まちづくり』ぎょうせい、p.3。なお、同書は環境庁が展開するアメニティ施策を紹介している。

17) 大谷幸夫（1986）『大谷幸夫建築・都市論集』勁草書房、には先生の歴史的環境保全に関する論文が集められているので、以下、これを（文献17）とし、初出は斜体で併記する。

18) 大谷（1972）「環境の歴史性」*建築雑誌*、（文献17）pp.191-196。

19) 大谷（1973）「歴史的景観と都市の計画」*建築雑誌*、（文献17）p.205。

20) 稲垣栄三（1976）「歴史的環境の保全―その意味と担い手」ジュリスト増刊号1976-07、（文献7）p.130。すなわち「われわれの日常生活の周囲にある自然なり建築なり人間関係なりが、むしろ文化という名で呼ばれるものの本質的部分を形成する」（同 p.131）と捉えるのである。

21) 大谷（1978）「町並み保存と都市計画―歴史と現代の的確な応答を」*建築文化*、（文献17）pp.191-196。

22) 稲垣（1971）「イタリアにおける文化財保護の制度と思想」*建築雑誌*、（文献7）p.70。このことは（1976）「歴史的環境の保全―その意味とにない手」でも指摘される。同 p.133。

23) 国の重要伝統的建造物群保存地区に選定された地区のこと。その件数は、2004年以降、年平均約4件となっており、平成30年8月17日現在で合計118件を数えている。文化庁のホームページより。

24) 西村幸夫「新・町並み時代が目指すもの」、全国町並み保存連盟編著（1999）『新・町並み時代―まちづくりへの提案』学芸出版社、pp.191-199。

25) 石川忠臣「"住民主体論"の本質と系譜」（文献24）pp.161-168 などは、その思潮をよく表現しているのではなかろうか。

26) 川越市の入込客数は662.8万人（平成29年）を数えるが、市のアンケート調査では観光客の9割以上がその歴史的町並みを訪れている（「川越市平成29年観光アンケート調査報告書」より）。大都市圏外では、たとえば、角館武家屋敷の入込客数は52.6万人（平成27年）である（「平成28年秋田県観光統計」より）。

27) 物的環境の保存は環境改善につながるが、それ自体が目的化することによって、社会経済的な側面で、すなわち地域の担い手のほうにしわ寄せがくることは早くからいわれていた。たとえば、D.スミス（1974）は Eric Reade（1969）の言葉を引いて紹介しているが、英国での面的保存を可能にしたシビック・アメニティ法（1967）に対する懸念が述べられている（文献12、p.11）。また、K.リンチも保存運動に対する批判者の声として3点、①復原される地区周辺に住む人を移動させること、②静的な歴史観、③保存の規準が依拠する価値観が狭く専門的であること、を紹介している（文献5、p.242）。

28) ICOMOSの「考古学的遺産の管理・運営に関する国際憲章」では、原位置での保存が重視されており、そのような点からも、考古学的遺産の保存と生活との関わりが問われるものとなろう。

29）すでに平成 20 年度から、文化財をその周辺環境も含めて総合的に保存・活用するために、文化財保護のマスタープランとして「歴史文化基本構想」策定の取組みが始められている。そこでは、文化財を総合的に把握し、周辺環境と一体的に捉え、地域と連携協力し、他の行政分野との連携も図りながら、文化財保護行政が進められることが期待されている。文化庁文化財部（2012.02）「「歴史文化基本構想」策定技術指針」より。

30）「歴史的」と認めるということは、歴史的に存在しているこの世界の中で、そのことを再認識したり、あるいは、あるものは比較的長く存在しあるものははかなく生成消滅する、そのリズムのずれを感じたり、どの程度の時間的経過があったのか感じとるなどし、それらを、検証するなどして、確かなものと理解したりすることと考える。本稿で「歴史性を帯びる」とはその物や場所が、歴史的と認めさせる働きを持つこと、「歴史性を保証する」とは、直感や理解を確信に結びつけることをいうことにする。

31）本稿では、歴史知識がネットワークをなす総合体であるのに対し、知識によって描き出され共有されるイメージを「歴史像」と呼ぶことにする。そのうち言葉を通して表出されたものを「歴史物語」と呼ぶことにする。

32）歴史学の他、考古学や民俗学、歴史地理学など歴史知識構築に関わる諸学をここで歴史諸科学と呼ぶことにする。

33）安原啓二（1979）『文化財保護の実務』柏書房、pp.751-775。

34）前掲書 p.752。そしてさらに安原氏は、合理的な整備手法「だけでは遺跡は決してわれわれ万人のものにはなりえない」p.752 というのである。ただし、続けて、「より総合的な連続的な企画力が必要」ともあり、それが何かということは改めて考えなければならない。

35）Claude Léi-Strauss（1962）、大橋保夫訳（1976）『野生の思考』みすず書房。

36）前掲書 p.286。

37）前掲書 p.289。

38）前掲書 p.290。

39）Walter Benjamin（1936）、久保哲司訳（1995）「複製技術時代の芸術作品（第二稿）」『ベンヤミン・コレクション 1 ― 近代の意味』筑摩書房。

40）前掲書 p.594。

41）前掲書 p.601。

42）前掲書 p.589。

43）「生活景」については、日本建築学会編（2009）『生活景 ― 身近な生活価値の発見とまちづくり』学芸出版社、ならびに日本建築学会編（2013）『景観再考 ― 景観からのゆたかな人間環境づくり宣言』鹿島出版会、などを参照のこと。

44）ここで「歴史」を、人間の認識を介して捉えられた事実と捉えるのか、（認識されない）客観的事実と捉えるのか、などによって立場は分かれる。出来事としての歴史（history）と記述としての歴史（narrative）との相互的関係として解くのは、野家啓一（2016）『歴史を哲学する』岩波書店、である。「歴史家と事実との間の相互作用」と表現するのは、E.H. カー（文献 45）p.40 である。これを事実と解釈との関係と捉えて、野家の見方に反論を加えているものに、遅塚忠躬（2010）『史学概論』東京大学出版会がある。これらをさらに大きな歴史的パースペクティブの下に捉えようとするものに、『思想』2010-10, vol.1036（特集：ヘイドン・ホワイト的

問題と歴史学）がある。

45）平易でわかりやすく、かつバランスよく書かれているものとして Edward H.Carr（1961）、清水幾太郎訳（1962）『歴史とは何か』岩波書店、を挙げておきたい。

46）本稿は、歴史学が科学であるか否か、あるいは特別な種類の科学かといった分類の議論をするものではなく、そもそも科学なるものの範疇を定めているわけではないので、科学ではないとする歴史学者のアプローチを否定するものでもない。しかし合理的な科学的思考をとる現代人にとって、その環境の歴史性を保証するものとして、科学としての歴史諸科学があると捉える。

47）過去自体というものは現存していない上、私たちにはそれを直接的に捉えることはできないということが前提となっている。このことはまた、歴史諸科学者が自らの無知の自覚から出発せざるを得ないという意味でも、科学的認識に共通する。R.G.Collongwood 著、T.M.Knox 編、小松茂夫、三浦修訳（1970）『歴史の観念』紀伊國屋書店、p.9。

48）E.H. カー・文献 45、p.40。

49）R.G. コリングウッド・文献 47、p.68、および Benodetto Croce（1909）、上村忠男訳（2011）『ヴィーコの哲学』未來社、pp.82-83、pp.89-90 など。

50）今日、いかに多様な歴史物語が描かれているのかについては、Peter Burke（2008）、長谷川貴彦訳（2008）『文化史とは何か』法政大学出版局。

51）オーラルヒストリーによる個々の語りと対話の可能性を説くものに桜井厚（2010）「「事実」から「対話」へ──オーラルヒストリーの現在」思想 2010-10、vol.1036、pp.235-254 がある。

52）Octavio Paz（1972）、清水憲男訳（1977）『大いなる文法学者の猿』新潮社。オクタビオ・パスは「その現実は、詩的作業を施し、言語を空無化して初めて見えてくる。……その生の現実を把えなくては、人間は人間ではなく、言語も言語とは言えない」ともいっている。p.137。

53）R.G. コリングウッド（文献 47）pp.204-208。

54）守口の茶人が利休をもてなすのに柚味噌・肉餅を出した話（復本一郎（1983）『さび──俊成より芭蕉への展開』pp.95-97）ならびに「さばしたる」といわれた狐戸の話（同書 pp.67-68、104-105）。

55）数江教一（1973）『わび──侘茶の系譜』塙書房、p.176。

56）前掲書 p.111。

57）前掲書 p.179。

58）一期一会の重要性については、筒井紘一（1980）「一期一会」、中里恒子編（1984）『日本の名随筆 24　茶』作品社、pp.102-109 参照。

59）「わかる」ことの重要性を指摘するものに、たとえば、佐伯胖（1975）『「学び」の構造』東洋館出版社、がある。

60）佐伯胖（1995）『「学ぶ」ということの意味』岩波書店、ここで文化的実践とは、社会的レベルでの知識との関わりをいっており、それは「その人の心の中のできごとではなく、わかり合うこの世界の文化の営みに参加」（p.134）していることをいう。それは「より広い社会的関係性」に向けての活動（p.148）でもある。

61）学芸員など案内者による説明や企画展などは、受け手の理解度に応じつつ、このような探求過程の追体験を促すことができるという点で重要と考えられる。

62）すでに活用事例が多々紹介されている。たとえば文化庁のホームページより「文

化財の保存・活用に取り組む民間の団体の事例」など。http://www.bunka.go.jp/
seisaku/bunkashingikai/bunkazai/kikaku/h29/11/pdf/1397006_05.pdf

63）遺構の復元展示が想像力を阻害する可能性を持つことは、稲垣（1965）「歴史的遺
産の評価と再構成—保存問題への建築家の姿勢」*国際建築*（文献7）p.35 にも指摘
されていた。

64）現地説明会は遺跡のアウラに触れる貴重な機会であり、もっと広くに案内されても
良いイベントであろう。

65）マネジメントという概念が経営学で発達したため、経済的な効果と結びつけて考え
られがちであるが、概念は拡張され、今では社会の願望・価値・存続に関わるもの
となっていることは、ドラッカーも述べるところである。P.F. Drucker（1973）、
上田惇生編訳（2001）『マネジメント—基本と原則』ダイヤモンド社。

66）文化財領域でもすでにマネジメントという言葉は使われている。たとえば、文化庁
文化財部記念物課（2015）「史跡等・重要文化的景観マネジメント支援事業報告書」
があるが、ここでは、これまでの計画を合理主義的なアプローチ、生活環境に対す
るマネジメントを計画の漸進主義的なアプローチと捉えて、議論を進める。

67）マネジメント・サイクルとは、計画（plan）—実施（do）—評価（check）—アクショ
ン（action）—などといった手順をサイクリックに積み重ねて改善してゆく方法を
いう。

68）強い行政権力でなくとも、計画をつくるということ自体に権力性があるという観点
からここでは「計画権力」と称することにする。マネジメントを考えるにあたって、
そこには踏み込んではならない領域もあろうし、マネジメント主体に対し、制度的
に権限を付与することには慎重にならなければならない。

69）変化を抑制し現状を固定したり、過去の状態に戻すことが目的でないことは明らか
である。また、保存すべき優れた歴史的環境を開発から守り保存するという課題は
なお継続的に抱えているのだが、ここでは、それ以外の一般的生活環境の歴史性に
関わる問題について議論している。

70）歴史文化基本構想では、地域の文化財を、有形・無形、指定・未指定を問わず総合
的に把握しようとしているが、その作業を通じて数多くの歴史的環境資源があるこ
とが理解されよう。

71）テーマ・コミュニティは、このような点で地域コミュニティに先行するものと考え
られる。

72）木を植えたり、塀や垣などの工作物をつくることも含めて考える。いずれにせよ個々
人にとっては稀な機会であるし、コンテクストが不明確であれば、なおさら調和的
な状態をあらかじめ思い描くことが難しくなる。

73）事前に厳しい規制を加えておけばおかしなものはできまいが、一般的生活環境では
コンテクストが不明確になっている場合が多く、強い規制を受け入れる素地ができ
ていない（つまりそれだけのメリットが実感されていない）のが普通である。

74）拙著（2017）『都市計画変革論—ポスト都市化時代の始まり』鹿島出版会、参照。

75）文献44。物語り論については、野家啓一（2005）『物語の哲学』岩波書店、参照。

1章
震災復興の時間と計画・奥松島にて

小林敬一

1. 混乱の時間に見えてきたもの

(1) 時間感覚の混乱

時間を遡る感覚

東日本大震災の後、人工物が失われた後に現れたのは、都市の基層にもともとあった自然であった。その光景を見ると、歴史を大きく遡ったかのような錯覚に襲われた。

大震災から数年が経ち、ぽつぽつと現地再建を果たした人たちが暮らす風景は、地元の人によると、かつてこの地域に都市化の波が押し寄せ始めた頃を思い起こさせる風景だというのである。やはり、時計の針が巻き戻されたような錯覚を覚えるらしい。

景観という観点からする限り、不可逆的である歴史的経過は、私たちの環境がそのうちに持ち続けている可能性と等価であるように思えてくる。

地域の変化の加速

また、大災害の後、復旧復興が進んでくると、地域の変化が加速されたように感じるものである[1]。これは、単に災害と復興が風景を変えるというだけではなく、その変化は、その地域がもともと示していた変化動向を、加速して推し進めたように見えるのである。

考えてみれば当然のことで、私たちにとって転居したり、家を建てたり、商売替えをしたりといったことは、人生の一大事であって、この人生のペースによって地域の変化速度は抑制されている。「街は人とともに変わる」のである。それは地域に流れる時間的リズムの一つである。災害はそのリズムを乱す。

しかし、地域がある方向に向かって変化し続けているのだとすると、災害後、まずは復旧を考えるとしても、その変化動向を先取りして復興過程に織り込めればと考えるのは、計画家の性である。今回の復興で、実際に顕に

1. 混乱の時間に見えてきたもの　　25

なった変化動向とは何だったのか、改めて考えてみたい。

　東日本大震災では、これに高台移転という人為的な変化が加わった。地域は変わらざるを得なかったのだ。このことは一つの出来事として記録しておきたいが、その影響については、多角的かつ時間をかけて評価を加えてゆく必要があろう。

混乱時の対応

　大災害の後に訪れる混乱は、時間感覚・空間感覚の混乱でもある。一定のリズムを刻んでいた日々の生活が失われ、周囲の環境が一変する。これらの拠り所を失えば、将来像（計画的ビジョン）自体が揺らぐ。震災直後には、地元から途方もない意見が出て驚いたこともあったし、しばらく後のことだが、周りには何もないのだから何をつくっても良いだろうと、とある事業者にいわれて唖然としたこともあった。

　また、震災直後には「提案の嵐」という言葉が囁かれていた。ある人は、傍から見て、なかなか前進しない事態に時間が止まっているかのようなもどかしさを感じたのだろう。またある人は、何も縛りがなくなった今こそ、夢のようなことが実現できるのではと感じたのかもしれない。いずれにせよ、荒唐無稽なものも含めて、実にさまざまなアイデアが震災直後には語られた。いずれも、今では全く聞かないので、改めて内容を追求することもなかろう。ただ、拠り所を失えば発想が大きな振幅をうつことは確かである。

　しかしやがて、そうした波も収束し、復旧復興の現実的な歩みが明確なものになっていった。その過程には注目すべきであろう。現場にいた当事者たちが過ごした時間もそうであるが、制度というものが、いかに被災状況に合わせてアレンジされ、組織的な動きを可能にしたのかも、見ておきたい。

　通常の時間感覚・空間感覚を失い混乱した大震災後の状態に、以上のような観点から反省を加えておくことは、広く史的関心の寄せられるところであろうし、大震災後の計画論に対しても、一つ考える材料を提供するのではと思うのである。

(2) 対象地、奥松島という地域

　本稿が対象とするのは「奥松島」と呼ばれる地域である。東松島市の野蒜地区と宮戸地区とからなり、特別名勝松島[2]の一画に位置する（図1-1）。

　野蒜地区（以下「野蒜」と呼ぶ）は、丘陵地部分と陸繋砂州部分とからなる。この砂州が次第に発達し、近代に宮戸島を陸続きにした。丘陵地の麓には鉄道（仙石線）も通り市街化が進んでいた。このたびの大震災では、この砂州を津波が越えたので、このあたり一帯、大変な被害となった[3]。

宮戸地区（以下「宮戸島」と呼ぶ）には、「四ヶ浜」といって、里浜、月浜、大浜、室浜の四つの集落がある。後ほど登場する佐藤康男の言葉を借りると、「浜ごとに気風も違えば生活文化も違う。船を繋ぐロープの太さも違う」のだという。このうち、外洋に面していた月浜、大浜、室浜集落は、このたびの津波で壊滅的な被害を受けた。

松島には「四大観」

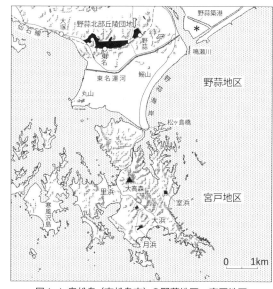

図1-1 奥松島（東松島市）の野蒜地区・宮戸地区
黒く塗られた部分が集団移転先となった高台住宅地

と呼ばれる、江戸時代からの四つの主要眺望点があるが[4]、宮戸島の中央にそびえる大高森は、その一つである。

(3) 筆者の対象地との関わり

震災直後、2011年の夏。文化庁の補助を得て、地元に「宮戸・野蒜地域の文化遺産の再生・活用検討実行委員会」という組織が結成された（以下、実行委員会と呼ぶ）。筆者はこれに加わることになり、それ以降、奥松島との関わりが始まった。

このご縁には感謝している。その頃、誰もが、自分の専門を活かして復興に貢献できればと思っていたのだと思う。しかし、私の専門である計画やデザインといったものは、学生に向かって講義はできても、呼ばれもしないのに出て行って意見をいったりすると、かえって混乱させかねない。皆、そのことがわかっているから黙っている。声をかけてもらいありがたかった。

この実行委員会は、当該地域の特別名勝としての価値を守るためにつくられた組織であり、そこには、地形学、生物学、考古学、民俗学など、この名勝の特性に関わる諸領域の専門家たちと地元の有識者たちが集められていた。奥松島縄文村歴史資料館（以下、「縄文村」と呼ぶ）の館長、菅原弘樹氏が事務局を務めた。

第1回目の会合が9月15日にあった。それ以降、それぞれの領域別に調査を行うことになった。私の分担は「景観」である。私自身の話は後ほどするとして、今、あれから約7年半が経過した。高台での人々の生活も、早いところでは3年が経ち、街は落ち着きも見せ始めている。このあたりで、私自身、記録すべきことは記録し、一区切りつけたいと思うようになった。

　しかし経験は一人ひとり皆異なる。かといって、特にこのような混乱時を、公共的な出来事すなわち制度だけで語りきることはできまい。せめて、復興の計画的過程に関わる出来事とそこで意識されていた時間観に光を当ててみたいと思い、私の他にお二人に登場願うことにする。

　一人は、東松島市の復興政策部長を務められた小林典明氏であり、もう一人は実行委員会の会長を務められた佐藤康男氏である。お二人とは、少なくとも2ヶ月に一度の会議でお目にかかり、議論を交わし、あるいは情報を提供していただいたりしていたが、このたび、改めてインタビューを行い、この7年半を振り返ってもらった。私とは全く異なる経験から、当時意識されていた時間観の違いがうかがえ、私自身興味深く思っている。まずは、高台への集団移転を短期間のうちに成し遂げた復興都市計画の過程を小林典明氏に語っていただく。

2. 東松島市の高台都市づくり

(1) 復興都市計画課長・小林典明の体験

　結果として、お金はかかったかもしれない。しかし、高台に受け皿となる市街地をつくることによって、被災した市民の市外への流出を防いだのだ。東松島市の小林典明はそう考えている[5]。しかも、行政も市民も一体となって取り組んだこの高台の新市街地建設は、振り返ってみれば、都市づくりと呼ぶにふさわしい充実した時間であった。関係した人一人ひとりがそれに向けて創造的に取り組んだのだ。

　小林典明は、大地震の時、総務課で総務班長を務めていた。市役所は市の中心、矢本地区にあって津波は免れたが、そこからは市内の状況がわからなかった。最初の情報を得たのもテレビからであった。しかし、その時から数日、役場に泊まり込みで安否確認に追われることになる。消防団の態勢ができたのも3日くらい後だったと記憶する。

　2週間ほどすると、市の災害対策本部に寄せられるいろいろな情報に対応することになった。その中で、担当したのは罹災証明の発行であった。そもそも、津波による罹災判定の前例がなく、国もその基準をつくりかねていた。

28　　1章　震災復興の時間と計画・奥松島にて

それが出せるようになったのは、連休明けのことであった。それまで、代わりに被災証明というものを出した。

　市長の指示があり、復旧復興をどうするか考えるために、庁内に「震災復興土地利用調整チーム」がつくられた[6]。古山守夫前副市長（当時震災復興準備室長）が中心となって、班長クラスが集められたのだ。小林典明もそこに呼ばれた。チームでは検討を重ね、6月13日には「東松島市震災復興都市再生ビジョン」をまとめた。その後の目標は「復興まちづくり計画」の策定に向けられた[7]。

　この頃には、被災した地区ごとの話し合いに出るようになっていた。すでに5月頃から、地区から呼ばれたり、避難所を回ったりしていた。今の野蒜地区の代表者の方々とは、美里町の南郷体育館の避難所の時から喧々囂々とやった。これはできる、これはできない、それはわからないとやっていた。その後、地域の人たちはそれぞれ仮設住宅に移って行ったので、話し合いの場を仮設の集会所などに移した。

　このたびの大震災では、国土交通省は直轄的な支援を行った。市町村ごとに定められた担当者が直接現地を訪ねた。東松島市の担当となったのはUR都市機構から出向していた佐藤剛さんだった。佐藤剛さんと市長らが最初に協議を行ったのは4月23日だったとメモに記録されている。それから足繁く来てくれるようになった。最初の頃は、単なる話し合いをしたように記憶している。それが、8月には、具体的な事業制度の話になっていた。

　8月1日に、市の組織として復興政策部ができた。古山当時震災復興準備室長がその部長となり、小林典明は復興都市計画課長を拝命した。

(2) 集団移転関連事業の進展

　東松島市の場合、最初から高台への集団移転をめざして話し合いを進めていた。どこにしたら良いのか、なぜ集団移転なのか、などシミュレーションを見せながら、各地区で人々に説明した。そのシミュレーションは国が用意してくれた。佐藤剛さんは月に2回程度の割合でやってきてくれたので、市役所で話し合いをした。

　各地区との話し合いの結果は、国に伝えた。佐藤剛さんは、それを持ち帰って、向こうでも議論したのだと思う。被災した土地を買い取ってくれないとどうしようもないという話は、早くにした。市長からも政治ルートで中央に伝えていたと思う。

　そうした地域の声を受け止めながら、国は次第に制度を整えてきた。集団移転のこと、災害危険区域の指定のことなど、国から示されるたびに地元に

説明した。

東松島市では、防災集団移転促進事業（防集と呼んでいる）による高台住宅地を7箇所に建設した。これらのうち、特別名勝の区域内にあったのが宮戸島3集落の集団移転と野蒜北部丘陵団地である。特に後者は、計画戸数448戸、面積24.6ha[8]と大規模である上、丘陵を削っての大がかりな造成工事となった。JR線路の移転も伴っていた。

市は当初から集団移転に向けて話を進めていたが、特に大きな決断を要したのは、野蒜の高台の土地の先行取得であった。移転の規模も大きいので早くに手をつけなければならないと考えていたが、買い占めの噂も流れたので急ぐことになった。阿部秀保市長の決断であるが、決断に当たっては、算盤もはじいたし、人脈を頼りながらいろいろな方向から事業成否の見込みを確認した。ともかく、家を失った市民が、土地の心配をせずに住宅の再建に取り組めるようにしなければと考えた。

高台の土地所有者は1社であったが、5月頃から協議を始め、2011年12月15日に議会の議決を得て、土地売買契約の成立に至った。しかし、買ってしまったからにはもう後戻りはできない。

震災の翌年2012年4月になると、復興都市計画課の態勢が大きく変わった。派遣職員が来てくれた。国土交通省ルートで技術職を派遣してもらったのだ。これで事業を具体化するための態勢ができた。計画段階から実施段階に移ったのだ。

野蒜の高台移転では、国からの助言もあって、被災市街地復興土地区画整理事業、防災集団移転促進事業（防集）、災害公営住宅整備事業、津波復興拠点整備事業等を組み合わせた事業組立てをとった。

まず、先行取得した野蒜北部丘陵の土地を基に、一人施行の土地区画整理事業を行い、減歩率を94.2％とする。そうして生み出した保留地を防災集団移転促進事業[9]で買うことを許してもらった。これなら造成などにかかる事業費がすぐに手当てされ、事業は先に進む。5月30日に事業区域を都市計画決定し、8月には主要道路を決定した。防災集団移転促進事業で生み出された宅地に52年の定期借地権を設定し、30年間は借地料を免除することになった。

しかし、何戸が本当にこの高台に移転するのだろうか。被災した市民に対するアンケートは2011年の11月から12月にかけて行っていたが、さらに個別面談を行う必要があった。第1回目の個別面談を2012年の2月から6月にかけて行った。もちろん、その後も随時受け付けた。

6月1日には災害危険区域である「東松島市津波防災区域」が指定された。

それまで緊急的にかけられていた建築制限が、これで建築基準法に基づくものとなった[10]。7月30日には東日本大震災復興特別区域法に基づく「東松島市復興整備計画」が作成され、防災集団移転促進事業などの計画が具体的になったので、概要を広報に掲載した[11]。

それを受けて、9月からは第2回目の個別面談を行った。その後も個別相談は随時受け付けるのだが、このようにして、2012年度には、計画の中身が徐々に具体化していった。

しかし、そうはいっても、事業としては固まりきれていない不確定な要素を抱えたままの着工となった。9月25日、土地区画整理事業の事業認可が下りた。10月にはUR都市機構と事業に関する業務委託契約を結び、11月に工事に着手した。

施工は、コンストラクション・マネジメント方式をとり、大成建設などからなるジョイント・ベンチャー（JV）が工事を請け負った。

工事は、丘陵部であるため大がかりとなった。切土量が550万㎥あり、そのうち280万㎥を地区外に搬出する必要があった。そこで請け負った民間企業から出されたアイデアが、大型機械とベルトコンベアの採用であった。結果として大幅な工期短縮ならびに排出CO_2の削減となったことが評価され、後に表彰されている[12]。

宮戸島3集落、月浜、大浜、室浜の高台への集団移転は、直営で造成事業を行った。こちらは小規模とあって、一足早く2014年6月10日に宅地の引渡しが完了し、2015年5月28日には災害公営住宅の入居となった[13]。ちなみに小林典明は、2014年10月から復興政策部長となる。

野蒜北部丘陵地区では、仙石線が2015年5月30日に全線運転再開。宅地の引渡しが2016年5月に始まり、11月に完了した。そこから住宅の建設が始まった。旧野蒜小学校と宮戸小学校を統合した宮野森小学校が、この高台に開校したのが2017年の1月である。2017年10月には、住居表示も決まり、「野蒜ヶ丘まちびらきまつり」が行われた[14]。

（3）復興のまちづくり

前復興政策部長・小林典明はさらにこう語る。計画が定まった後も、建設が進む中で、各地区には出向いていろいろと説明や相談をした。2012年の11月には、移転先ごとに「復興まちづくり整備協議会」がつくられた。そこでも説明をするのだが、住民の関心は事業の進展に応じて移ってゆく。最初は、いつ、どこの用地を取得するのか、いつ工事が始まるのか。工事が始まると、いつ終わるのか、仙石線はいつ動きだすのか、そして、いつから家が

建てられるのか、等々と聞かれ説明した。

　その都度、あまり詳しいこともいえなかったし、大きなことをいうと期待を持たせてしまうが、常に地域住民には先を見せたいと思っていた。先を見せられるよう、話の材料を持っていった。そういう材料がなくなると、悲観的になるし、信頼も失う。次の話の機会が持てなくなる。

　もちろん話し合いをすると、いろいろと要望も出る。たとえば高台に移った東名駅にエレベーターをつけてくれないかといわれたことがある。「え、エレベーターですか」というと、「エスカレーターでも良いが」といわれた。こういった話にどのように切り返そうかと考えるのは、苦しい中でわくわくすることであり、やりがいのあることでもある。結果は、階段に屋根をかけて勘弁してくれとなったが、こちらももっともだと思うような建設的な意見に対して、何もアイデアを出さないのは悔しいし、そうしたやり取りがあれば、話は次につながる。

　市の行政職員が地区に出向いて話をするのを苦にしなかったのは、震災前からの阿部秀保前市長の取組みがあったからではないかと小林典明は考えている。阿部前市長は 2009 年に「市民協働のまちづくり」をスタートさせた。その前年には 441 回、各地区に出向いて話し合いをしている。行政職員も一緒に行くのだが、その時には、これから地方財政が厳しくなるので公園管理など地域でやってもらわないといけない、高齢化が進むので地域でも態勢づくりが必要である、宮城北部連続地震を教訓に防災体制を築かないといけないといった話をした。

　このような伏線があったからであろう、震災後も、行政側から説明会を開くだけではなく、地区の方から呼ばれて行くようなこともしばしばあった。地区に出向いて話し合いをすることを行政が躊躇しがちになるのは、数々の個人的、日常的な不満が寄せられるのではないかと思うからである。しかし、そのようなことはなかった。市役所に本当に伝えなければならないことがある時に、個人的な不満を口にする人はいなかった。もっと前向きの話をしようという空気がその場にはあった。だから苦にならなかった。

　2016 年 11 月には野蒜北部丘陵団地でも宅地の引渡しが終わったが、復興庁でも 2016 年度までを集中復興期間、それからの 5 年間を復興・創生期間と捉えている。実際、事業内容も、基幹事業から効果促進事業へと移ってきた。このあたりで一区切りあったのだと思う。住民の目線も、これまでは高台の移転先に向いていたのが、移転元地に向けられるようになっていったという。

　小林典明前復興政策部長は、阿部秀保前市長のリーダーシップを讃えなが

ら、住民との対話の重要性を説くのであった。これまでも、都市計画では住民参加が重要といいながら、単なるアリバイ工作になっていたのではないか。今回の震災では市民の意見を反映しなければどうしようもなかっただろうし、住民との話し合いが、結局、国を引っ張り、国の制度を変えるのだと。

　国との密な対話、住民との密な対話、この両方が、この混乱のさなかにあって、短期間に市内約 1,800 戸に上る集団移転を完成させた鍵だったと理解できる。

(4) 震災復興の計画的対応と時間

　政府が高台移転を打ち出したのは、震災から 1 ヶ月後の 4 月 11 日であった。国（国土交通省）は、被災状況を把握するとともに、都市の特性に応じた復興パターンを検討するために、「津波被災市街地復興手法検討調査」を行っている。6 月 15 日に発表された「被災地における復興計画策定に対する国の支援について」に、その調査のために対象地区ごとに担当チームを編成した旨の記述がある[15]。また、地方自治体からの要請にワンストップで対応するため、省内の「東日本大震災復興まちづくり事業連絡調整会議」と、7 府省からなる「被災地の復興支援のための調査に関する連絡会議」を設けたことも記されている。

　そして、東松島市・小林典明前復興政策部長の語るように、一方の自治体内では、行政と住民との間で密な話し合いがなされていたのだ。こうして、市を介して政府から市民に至るまでの密な計画的意思疎通がなされた結果として、一方に住民・市町村の要望に応える制度メニューの用意ができ、一方では、その速やかな運用を可能にする状況が生まれたのだと思われる。

　振り返ってみれば、2011 年度は、市の方では計画的方向性を具体化させ、国の方ではその実現手段を提供するための法制度を用意した 1 年だった。

　すなわち、東松島市では震災復旧復興指針（4 月 11 日）、震災復興基本方針ならびに震災復興都市再生ビジョン（6 月 13 日）、復興まちづくり計画（12 月 26 日）と次第にその方向性は具体的なものとなっている。

　一方、国の方では、東日本震災復興基本法の公布（6 月 24 日）、東日本大震災復興特別区域法の施行（12 月 26 日）、津波防災地域づくりに関する法律の施行（12 月 27 日）と続いた。この間、7 月 11 日には、海岸堤防の高さを決める基準となる「設計津波の水位の設定方法等について」が発表されている。

　2011 年度のうちに法制度の準備が整ったことは、2012 年 1 月 31 日に発表された「復興整備計画作成マニュアル」を見れば明らかである。さまざまな特例を盛り込みながら、計画から事業へと進める手順が明確にされているの

2. 東松島市の高台都市づくり　　*33*

である。こうした準備が整ったところで、2012年2月10日に復興庁が設置されている。

2012年度は、事業計画を定め工事に着手する年となった。東松島市では4月から、全国からの派遣職員という応援も得た。しかし、計画を具体化するためには市民に意思決定をしてもらわなければならない。まだ見えぬ高台の住宅地像を説明し、移転に関わるさまざまなしくみを説明し、それらを理解してもらった上での意思決定が必要であった。市は、各戸に個別面談を行い高台移転についての意向を把握しては計画に反映していった。動く状況に応じてフレキシブルな対応が必要となる。野蒜北部丘陵団地は不確定な要素を抱えたままの着工であったし、先ほどのマニュアルに従った復興整備計画は、新たな事業等が加えられるたびに書き換えられた。

2012年度のうちに造成工事に着手したが、それから工事に2～4年を要した。大がかりであった野蒜北部丘陵団地で、宅地の引渡しが完了したのが2016年11月29日である。目処であった5年と少々で終えることができている。2017年度からは、それまでの復興集中期間に代わり、復興・創生期間と呼ばれるようになる。

従来あった壁を取り払い、市民から行政、中央政府にまで至る密な計画的意思疎通を実現したこと[16]、それに加えて、各自・各機関等が目的に向けて柔軟で創造的な対応をとったことが、この復興都市づくりを実現したのだと改めて確認できよう。

3. 特別名勝松島から考える

(1) 2011年度景観調査に歩く

震災の年の夏にまで話は戻る。筆者は実行委員会に加わり、景観調査を分担することになった。大災害後の景観調査といって特に良い方法があるわけでもなければ、マンパワーがあるわけでもない。加えて、震災前に、一、二度、車で通った程度の土地勘しかない。まずは、いつもと同様、カメラを手に歩くことから始めた。変わり果てた地域の姿であるが、この状況から計画者として何がいえるのかと考えながら歩いた。

震災から半年ほど経っているのだが、野蒜に足を踏み入れると、破壊の痕がまだ痛々しかった。残された建物はのきなみ1階部分が破壊されている。道路は舗装をはぎ取られ、沿道には瓦礫が散乱している。きれいに片付けられた敷地があったかと思うと、その中央には、手づくりの祭壇が設けられ花が手向けられていた。野蒜新町も東名も、砂州にあった集落は壊滅的であっ

た。あたりに人気はなかった。少し小高くなった砂堤の背後には、水溜りが残されている。仮置き場には瓦礫が高く積み上がっていた。

宮戸島に向かうと、流された松ヶ島橋に代わって、仮設の橋がかけられていた。制限速度20kmとある。そろりそろりと渡る。月浜、大浜、室浜の各集落は、建物がすっかり失われ、その基礎だけが残されていた。ただ、津波にさらわれた室浜集落の一画、海岸沿いに、何の偶然か、ぽつんと残された家があり、不思議なものだと思った。

月浜には、震災前に一度迷い込んだことがある。道がわからず、集落の狭い路地に入り込んだのだが、中ほどの十字路角には下見板張りの木造の商店があった。たまたま写真に撮っていた。しかし、そうした歴史のにおいのするものはなくなり、かつてあった集落の密度感をうかがわせるものもない。

こうして人工物が失われると、基盤にあった野蒜石の岩盤が現れ出る。ただそれは、生活者の手によって削られ、大地が虫歯にでもなったかのような姿である。

浜に降りてみると、水鳥の足跡とともに大きな動物の足跡もたくさんあった。なぜか動物たちは、浜に降りて、まるで踊り回ったかのような足跡を残している。しかもまだ新しい、と気づき、あたりを見回したが、何も動くものはなかった。その大きな足跡がイヌのものだったのかタヌキのものだったのか、わからずじまいとなった。

それから1年も経たないうちに、荒れ果てた土地は草の緑で覆われていった。さらに翌年の夏だったろうか、野蒜の砂地の土地にはニセアカシアが繁茂し、人の背丈以上になっていた。こうした自然が、私たちの都市的環境のすぐ背後にあったのかと驚かされた。潜在的なものは失われたわけではなく、人間が退くとすぐに代わって現れ出てくるのだ。

(2) 旧版図分析

地域形成史

次に行ったことは、旧版図分析である。この地域のことを理解するには、もう少し長い時間スパンのうちに捉える必要がある。そこで、国土地理院から旧版地形図を取り寄せ4時点（大正4年、昭和10年、昭和40年頃、昭和60年頃発行のもの）の比較をしてみた[17]。

旧版図分析と呼んでいるが、地図の図式自体が変わってきていること、部分的な修正にとどまっている場合もあることなどから、時間的変化の正確な把握とはいいがたいのだが、そのことさえわきまえていれば、近代における地域の大まかな変化動向がわかる。本稿では地形図の掲載もせずに詳細も省

くが、『鳴瀬町誌』の情報で補いながら、その概略を説明しておきたい[18]。

　大正 4 年発行の地形図からは、宮戸村や野蒜村ののどかな様が伝わってくる。役場はそれぞれ里浜と野蒜新町に置かれていた。まだ鉄道は通っていなかったが、そこにはすでに東名運河があった。これは、明治新政府の手により鳴瀬川の対岸に建設された「野蒜築港」と松島湾とを結ぶためにつくられたもので、港の完成と同年、明治 17 年に開通している。しかし、港の突堤が台風で崩壊するなどの被害を受け、港が機能したのはわずかな期間にとどまった[19]。地図で見る限り、運河だけが残り、周りの土地利用とは関係なく水をたたえている。

　東名集落の周りには塩田が広がっていた。これは、仙台藩士奈和良元直が安永 7（1778）年に拓いたものとされている。この部分、塩田跡だけあって、津波の後、なかなか水が引かなかった。

　昭和 10 年の地形図を大正 4 年のものと比べると、この間に須崎浜（今日の野蒜海岸）が発達し、宮戸島は陸続きになっている。砂の堆積が急だったのだ。かつて海岸にあった鰯山も浜の背後に押しやられている。

　大正 4 年頃は、宮戸島に向かうのに、須崎浜の浜伝いに道なき道を歩いて行ったようだ。町史によれば、昭和 7 年から 9 年にかけて宮戸、野蒜、両村共同で道路整備を行ったとある。昭和 10 年の地形図では、大高森の麓、現在の遊覧船乗り場のあたりにまで新たな道路が伸びている。

　昭和 5 年に廃止となった塩田は、すでに荒地と記されている。一方、宮城電気鉄道（現在の仙石線）が昭和 3 年に開通し、東名駅と東北須磨駅が設けられた。

　昭和 40 年頃の地形図を見ると、野蒜の丘陵地に採石地の記号を多数目にする。高度成長期、野蒜石があちこちで切り出されたのだ。この間、昭和30（1955）年には、小野、野蒜、宮戸の 3 村が合併して鳴瀬町となっている。また昭和 35（1960）年にはチリ地震津波を経験している。

　この地形図では、宮戸島と野蒜はまだ陸続きとなっているが、昭和 38 年から 39 年にかけて、両者の間に水路が開削され、松ヶ島橋がかけられた。

　昭和 60 年頃の地形図では、野蒜で市街化が急速に進んだことがわかる。昭和 45（1970）年には市街化区域と市街化調整区域の区分（線引き）[20]もなされているのだが、市街化調整区域である砂州部分の海浜近くにも、保養センター、老人ホーム、野外観察センターといった施設が立地している。この後、さらに運動競技場、体育館、幼稚園などが立地し、そして東日本大震災を迎えることになる。

近代化を経て

　振り返ってみれば、宮城県が観光・レクリエーション開発を進めようと県営松島公園の整備を進めたのが明治44（1911）年から大正4（1915）年にかけてのことであった。大正12（1923）年には、史蹟名勝天然記念物保存法により国の名勝に指定された。そして、鉄道が敷かれ、道路も徐々に整備され、近代化が進められてきた。

　戦後は、農地開発や漁港の整備が進められ、岩石採取も盛んになり、産業開発が進んだ。チリ地震津波（1960）を受けて、インフラの整備にさらに力が入れられた。

　当地に市街地開発の波が押し寄せたのは、東松島市全体の人口の推移から推し量ると1970年以降のことと見られる。その後、モータリゼーションが進み、大規模施設の分散的立地が進んだ。

　一方、宮戸島の方は、ひだの細かい丘陵地形が特徴だが、大正期の地形図からすでに、その谷という谷に小規模な水田が拓かれていたことがわかる。それは半農半漁の生活を支えるものだった。その谷口の海岸は、それぞれに小さな三日月浜をつくっていた。そうした小さな浜にも防潮堤がつくられたのは、チリ地震津波の後と聞いている。

　宮戸島で興味深く思ったのは道路網の形成である。大正4年の地形図からは、村役場の置かれた里浜と他3浜ならびに鰐ヶ淵水道を渡って隣の寒風沢島とを結ぶ道が、島の主要道路であったことがわかる。里浜を中心に放射状に伸びていたのだ。しかしその後の道路整備は、本土と結び島の骨格をなす軸の形成に力が入れられていることがわかる。かつての島の主要道路は、屈曲の多い小径のまま残されており、今では散策やサイクリングに適した道となっている。この道を歩くと、景観の変化にも富んでおり楽しい。そういった道を使って、島全体に遊びめぐれる環境をつくれば、きっと子どもたちの冒険心を掻き立てることであろう。これこそが島のレクリエーション資源ではないか。

（3）12月のワークショップ

女性たちの意見

　2011年、暮れも押し詰まった12月27日、縄文村、菅原館長の発案で、島の若い女性たち11人に集まってもらいワークショップを行った。四ヶ浜それぞれから参加者があったので、混合して3チームに分かれてもらった。

　テーマは二つ。島の長所、短所、それぞれの特徴を皆で出し合い、まとめるというのが第一課題、そしてこれからどうすべきか、提案を行うのが第二

課題である。いずれも KJ 法の要領で進めた。チームごとに特徴ある発表がなされたが、共通点も多いので一つにまとめて紹介しておきたい（「　」内は彼女たちの言葉である）[21]。

島の良いところ、悪いところ

島の生活の長所は、食べ物のおいしさ、豊かさにある。「アサリ、カキ、ウニ、アワビ、シャコエビ、皆おいしい。宮戸の米は、天日干しをしているせいか、これもおいしい。春にはフキやワラビも出る。秋にはマツタケも採れる。山の物もあれば海の物もある」「海産物を実家に持って行くと喜ばれた」というのはお嫁さんとしての声。島の豊かさは「自給自足の生活ができる」ほどなのだ。

周りを海で囲まれたこの島は、「静かで、空気も良く、近隣地域に比べ温暖で、雪は少ない」と、自然環境に対する高い評価がある一方で、多少不都合なこともある。「大きなスズメバチもいれば、カも多い。カメムシも多い。夜は暗く、カエルの鳴き声はうるさい。ウサギ、タヌキ、キツネもいる」。

しかし、この環境を楽しめば、「春はヤマザクラが美しく、ナノハナも咲く。フジの花もきれいだ。朝日が美しく、特に大高森からの朝日は格別だ。夕日は里浜からの眺め。夜空、満天の星はすばらしく、雪の嵯峨峡は墨絵の世界だ」となる。ただ、そのように「観光客に褒められるものの、地元にいると本当はよくわからない」という声もある。

マイナス評価となったのは、生活利便性の低さ、ならびに地域社会の閉鎖性とその古い体質である。確かに島に入る道は 1 本だけであり、旧野蒜駅から里浜にある縄文村まででも約 5 kmになる。その野蒜地域にもスーパーマーケットはない。島には「病院がない、店もない」「コンビニすらなく、買物は大変だ」。子どもにとっては「中学校、高校も遠く、通学が大変である」（震災後、2017 年には、この宮戸小学校も野蒜小学校と統合となり、野蒜の高台に移転して宮野森小学校となった）。「学校も遠ければ、習い事はなお大変だ。職場も、病院も遠い」。

車がないと生活できないのだ。それでいて集落の道路は狭く、夏になるとレジャー客などの車であふれる。来訪者に対する駐車場も十分ではないのだ。不便なだけではない。島には「仕事もなく娯楽もない」との声も出る。

そして、地域社会は閉鎖的である。「噂話はすぐに広がる」し、すぐに「あそこの嫁は……といわれる」。そのように、彼女たちは感じているのだ。たいがい、二世代が同居しており、伝統的な嫁姑関係の中におかれてきた。「嫁に対してきつい」「若者の意見は通らない」「自営業となると、一緒にいる時間が長いのでさらに疲れる」と感じている人もいる。

少子高齢化が進み、人口が減るにつれ状況はさらに悪くなっている。「島の社会には行事が多すぎるし、割り当てられる役割も多い」「学校で引き受ける役員も負担」と、現実的なしわ寄せが指摘されている。「嫁も来なければ婿も来ない」ので若者は益々少なくなる一方だ。それにも関わらず、「一人ひとりは世間体を気にしすぎる」ので、益々「他人に対し心を閉ざしがちになる」という。

結論として、この地域は、「知名度が低く、暗く、寂しい感じ」となっており問題だと指摘したチームがあった。また、これらに加えて、観光客のマナーなど観光公害を指摘する意見もあった。

将来の宮戸島に向けた各チームからの提案

地域イメージが「暗く、寂しい感じ」では確かに困る。何とかしなければならない。各チームの提案をまとめると、以下のようなものとなった。

まず、観光がこれからの島の基本的な機能となることは、皆が了解するところであった。そのためには何をすべきか、について、さまざまな意見が出された。「体験型観光が大切だ」。自然豊かな環境を活かし「ウォーキング・トレイルを整備し、楽しく歩いてもらえると良い」。しかし、核となる施設もほしい。「農産物直売所やレストラン」「水族館」「プール、体育館、ケアハウス」という言葉も出た。何といっても、夢は「スパ付き道の駅」「1日中遊べる施設、雨でも遊べる施設があれば良い」。

知名度を上げるには、「何か大きなイベントをしたい。年1回の大きなお祭りも良いかもしれない」。その反対に「サクラ並木をつくる」など地道な活動に取り組むべきとの声もある。

一方で「地域商品を開発し、宿泊施設を活性化する。ネット販売も進むと良い。皆が働けることが大事である」「食べ物については地物料理のコンテストを開くなどして、B級グルメの開発をしてはどうだろうか」との意見も出た。「目玉商品は、やはり地元で採れる優れた海苔を活かしたものではないか」。それは「地域の漁業の活性化」にもつながることであろう。

個々には、地域の「住まいと暮らし方を変えていきたい」。親世代との適切な距離感を求めている。そのためには、ある程度の面積が必要となり、「二世帯住宅」も必要ではないか。しかし、建築が制限されている状況では、地域外から来て住んでもらうためには、「市営住宅」を提供するなど、新たな取組みが求められるのではないか、と指摘する。

ワークショップ結果の解釈

もともと伝統的な社会は、外に対しては閉ざされてきた。外来者を受け入れるまでには時間を要する。その代わり、うちには「だいたい皆、顔見知り

3. 特別名勝松島から考える　　*39*

であり」「誰とでも挨拶する」ような密な人間関係が築かれてきた。それは
また、「高齢者にも仕事がある」家族的な社会であったのだ。そうした浜ご
との伝統社会が、変質を迫られているものと理解することができる。

　しかし、彼女たちは、まちづくり・地域おこしの方法として一般にいわれ
ていることをほぼ共通に理解している。このことは、地域活性化を考える上
での土台となろう。

　もちろん、その第一歩が踏み出せているわけではない。まだ、発想は行政
頼りに見えるし、箱物指向の部分もある。ともかく今は、生活の基盤自体が
失われており、自分たちの生活の再建が課題である。しかし、彼女たちの考
え方は現実的であるし、目は確かに前を向いている。実際、これからそれぞ
れにどのような歩みを始めるのか、興味深いところである。

(4) 景観からの提案

宮戸地区に関する提案

　2011年度の実行委員会の調査をまとめた3月末[22]、縄文村が事務局となっ
て「がんばれ宮戸島」と題したパネルディスカッションが行われた。聞きに
来られた方は、島に関心がある若い人が多かったように記憶している。岡村
道雄先生の趣旨説明に続いて、実行委員会のメンバー5人が調査報告を行っ
た。

　景観担当としては、これからの人口減少が進む時代、地域の特性を活かし
て、持続的な社会・経済・環境をつくることが重要で、その方法を考える手
がかりとして景観を捉えるべきことを訴えた。つまり地域の空間のつくりや
歴史を踏まえながら、これからの時代に価値あるものをつくることが重要で
あると。

　具体的には、この地域の景観形成の課題と考えたことを10項目にまとめ、
「奥松島風景づくり十題」として報告書に記したが、そのうち宮戸島に関す
るもの5題を、絵などを添えて地元でのパネルディスカッションでも訴えた。

　一つ目は、「浜ごと小宇宙の環境管理」。森と海に囲まれて周囲から隔絶さ
れた小さな谷が多数あるのがこの島の地形的特徴である。それぞれに海辺に
は魅力的な三日月浜をつくっているが、隣の浜へは行き来できず、まるで浜
ごとに小宇宙をつくっているようなものだ。しかし、すでに谷筋には耕作放
棄地が増えてきている。この空間全体の利活用の仕方も、その担い手も、新
たに考えないといけない。それは、その自然環境を管理しながらレクリエー
ションの場として活かしていくことであろうと提案した。

　二つ目は、「旧道ネットワークを活かす」。すでに述べたが、かつての島の

主要道が、今では散策に適した小径となっているのだから、さらに、不要な車の侵入を抑え、休憩施設の整備や沿道景観改善の手を加え、周りにさまざまなアクティビティを興していけば、島全体が子どもたちの冒険心をくすぐる魅力的な宝島となることだろう。

　三つ目は、「島の軸と道の終着駅づくり」。これまで骨格として形成されてきた島の中心軸に公共施設を集め、生活拠点をつくってゆくことが、生活利便性を高めることになろうし、それに合わせて街路景観の質を高めることもできよう。一方、観光客の誘客にとっては島に目立つ目的地がないことが問題である。まずは行き着くところまで行きたくなるのが来訪者の心理であるから、幹線道路の末端に十分な駐車場を用意し、「道の終着駅」をつくれば良い。そこで車を降ろさせることが重要である。自ずとそこが、島のレクリエーションの拠点となるだろう。そこには新たな機能も生まれるかもしれない。

　四つ目は、「自然と共にあるくらしの風景づくり」。島のアイデンティティを高めるためには、その優れた環境や景観だけでは足りない。それらに適った食事、宿泊、体験といった種々のアクティビティを興す必要があり、それらを通じたイメージ形成が重要であろう。伝統文化や食文化などの掘り起こし、民宿の改善、体験メニューの商品化などを行いながら、この島ならではの「自然と共にあるくらし」像を打ち出していくべきであろう。

　そして五つ目が、「新集落の風景づくり」。高台に集団移転して、そこに単なる住宅団地をつくるのではなく、集落の良さを継承する現代的な新集落をつくってはどうか、というもの。

　これらの提案に対して、その場では賛成も反対もなかったように記憶している。その前に実行委員会の場でも報告したが、そこでも特段の反応はなかった。

野蒜地区に関する提案

　野蒜地区に関する景観形成課題の方は、仮設住宅が分散していたこともあり、住民向けの発表の場を持たなかった。以下に示すが、内容も公共サイド向けのものが多い。

　一つ目は、「野蒜海岸を活かす」。長大な砂浜、野蒜海岸（以前の須崎浜と余景浜を合わせてそう呼ぶ）はこのエリア第一の特徴であるが、かつて30万人あった海水浴客（1968年）が、震災の前年には5万人を切っていた。ただ、震災から1年も経たない冬に、サーファーたちが来ているのを見つけ心強く思ったのだ。リクリエーション客の回復のためには、交通施設の改善や商業・サービス機能の立地誘導は欠かせまい。5万人といえども、沿道に直接駐車させていたのだから混雑は避けられなかった。そうしたインフラ整備につい

3. 特別名勝松島から考える　　*41*

ては、あらかじめ復旧事業の中で考えておいてもらわなければならない。土地の公有化も進むのだから、季節的な商業・サービス機能の立地のためには、そのためのスペースを計画的にとってもらう必要もあろう。

　二つ目は、「東名運河を活かす」こと。震災直後には、津波が遡上するから埋め立ててしまえという意見もあったと聞いて驚いたが、震災前にはマツの枝が水面に伸び、情緒ある風景をつくっていた。被災地にあって歴史を伝える重要な歴史遺産である。これを活かすには、津波で失われたマツの回復、親水性の向上、そして高台へと遠ざかった居住地からのアクセスの改善と回遊性の確保などの課題がある。もともと一体に機能するようにとつくられた野蒜築港とも結びつけていけば、さらに魅力は高められよう。

　三つ目は、「アメニティ豊かな新市街地」。高台につくられようとしていた人工的な市街地について、景観を手がかりにそのアメニティを高めることは、実際的な課題である。建物の形態・色彩については名勝としての規制がかかっているので、それに加え、緑化を通し、歩いて楽しい街、屋外のコミュニケーションが楽しめる街、風景の変化に富み、四季の移ろいが感じられる街の実現を訴えた。そのためには、民地と公共空間の呼応が求められよう。

　四つ目は、「エネルギー・パーク」。震災直後から市は環境未来都市構想を打ち出し、津波被災地にはメガソーラーをといっていた。しかし、砂州の平坦地一面がソーラーパネルで覆われると、名勝の風致どころではなくなってしまう。一面の広がりを分節化しながら緑で囲むこと、その緑をバイオマスとすれば、それも再生可能エネルギー資源として活かせるのではないかと提案した。

　五つ目は、「コア施設・エコロジー庭園」。その「エネルギー・パーク」の一画には、見学者のための施設も必要であろうから、かつての塩田跡あたりに、水と緑で魅力的な風景をつくり、平坦な砂州後背地の景観の特徴づけをと提案した。

　その後、このあたりは農地復旧に向かっていったため、4、5番目の提案は、足がかりを失うことになる。それ以外の提案についても、賛否特になく、聞き置かれた形になったのは、今思えば致し方ないことであろう。制度的な背景があって他の計画をしばるものでもなければ、具体的な計画実現手段を要求するものでもなく、提案はあくまで提案にとどまる。しかし、その場には先の小林典明さんや佐藤康男さんも同席しているのである。そうした関係者の頭の片隅にでも残り、何かの機会に参考にされるなら、それで良しとしなければならない。

(5) 歴史・景観と志向性の問題

　震災から2年が経った2013年4月、宮城県、塩竈市、東松島市は、それぞれに国から特別名勝の現状変更許可に関わる権限委譲を受けた。東松島市には、それにかかる調査や審議をし議決する場として東松島市特別名勝松島保存管理専門委員会が設けられた。

　筆者もその議論に加わることになるのだが、2013年の年末、大浜、室浜の高台住宅地の造成が始まってみると、それらが大高森から見えることに気づいた。このことは、少々厄介なことに思われた。委員会は震災復興事業等に対して、大高森などの主要な眺望地点からの景観を阻害しないことを第一に求めていたからである[23]。

　他に移転適地がなかったので、やむをえない場合に該当するのであろうが、視界に入るとわかっていれば、より丁寧な景観配慮が求められてしかるべきであった。この件は、その後、植栽などの配慮をお願いすることになるのだが、先入観があると景観予測にも見誤りが生じるものだと、改めて感じた一件であった。

　逆に、改めて見ると、里浜集落も大高森から見えていることに気づく。里浜の場合、集落の内外に高木が育ち、大高森からの風景の中にあっても違和感なく納まっていたのである。

　意識しないと見えないもの、見落としてしまうものは他にも多々ある。たとえば、その後、里浜集落の中心軸となっている「宿中通り」の街路景観の調査を行ってみると、鞍部では鉤型をつくっているし、そのあたりからは海も見えている。うまくつくられているのだ。その通りは細かく屈曲しており、一見すると自然発生的な街路のように見えるが、そこには計画性もあることがわかる。

　一方、今日の住民生活の視点からすれば、車のすれ違いもできない道路はさぞ不便であろうと思われる。そのことに思い至ったのは、しばらくしてからのことである。ただ、その歴史的な姿を壊さずに利便性を高めるには、駐車場を別の場所にとったり、一方通行にするなど、新たな不便も生じる。制度に乗らなければ行政の目にはとまらないし、住民も今の方がまだ良いと思っているのか、誰からも声は出ない。

　歴史も景観も、見ようとする主体のまなざしに応じたものが見えているものと見られる。

(6) ラグーンの風景

　野蒜の東名集落まで足を伸ばしたのは、2014年の9月のことになってし

まった。東名集落の西側、丸山の麓に至るまで、まだ水が引かずにいたが、そこに偶然生まれた光景、なだらかな水際と水面に浮かぶ丸山の姿は、かつてここにあったといわれる白砂青松の海浜風景を想像させるものであった。

　野蒜海岸が近代に入って発達したものであることはすでに述べたが、江戸時代、舟山萬年が『鹽松勝譜』を著した文政6（1823）年の頃には、まだ須崎浜などの姿は見えず、当時「曝練洲」と呼ばれたこの東名の砂州が、大塚から丸山に向けて、天橋立のように伸びていたらしい。幅百余歩、180mほどの細長いこの砂州が、東の外洋と西の松島湾とを隔てていた。その砂州の上に、次第にマツが生えていったことも記されている[24]。

　宮戸島との間はまだつながっておらず、丸山の先を舟が行き来していた。当時、この砂州を波が越えるくらいのことはしばしばあったことと思われる。いつの間にか陸化し、人々はそれを常態と考えるようになったのだが、長大な時間の下では、ここを海と陸とのせめぎあう場所と考える必要があるのではないか。

　しかし、江戸時代にあったと考えられるその風景はさぞ美しかったことであろう。舟山萬年も「丹の天橋に敵するに足る」といっている[25]。このような自然がつくった美しい場所が、日本のあちこちにあったのであろうと、認識を新たにする。

　これまで私たちは、こうした土地を農業生産のため、都市開発のために使ってきたが、もう一度自然に還す、あるいは自然と折り合いをつけるという方向に転換するという選択肢もあるのではなかろうか。しかもそうした風景をつくり、観光・レクリエーションに活用すれば、より大きな経済的利益が生まれるのではなかろうか。日本国土の美を取り戻すことは、自然との関係を見直すところから始められるべき計画課題ではないか。

　震災後、一時的に生まれた潟湖（ラグーン）の風景があまりに感動的だったので、以上のような主旨で河北新報に投稿した[26]。

(7) 景観評価に関わる時間観

　復旧復興とともに数を増やした現状変更もやがて減少に転じる。許可件数のピークは平成28年度であった[27]。検討の中身についてはここでは触れないが、特別名勝松島の風致景観を守るためには、それぞれの建設事業において景観的調和が求められる。しかし問題は、各々の時間観にあろう。

　すなわち、地域に風致を見る人々は、奇岩や点々と浮かぶ小島など大地の造形美、美しい緑に包まれた島や海の生態環境、そこを舞台に営まれた人々の縄文以来の歴史といった、日常の時間を越えた存在をそこに見ているので

あり、この時間観の共有なくして調和した姿など描き出せようがないように思われるのである[28]。

　まず一度は、その風景に感動してもらう必要があるし、そうすれば、調和を考えるにあたっても、普段目の前に見えているもの以上のものを想定することになろう。多様な時間観の下での環境との対話という、計画設計者にとって、追求し始めれば尽きることのない奥深い課題が、そこにはある。

4. 宮戸島の震災直後と高台の今

(1) 宮戸島の人々の震災直後の時間

震災直後を振り返る

　大災害後に人々が体験した時間の流れは通常とは異なる。一般に、災害後の危機管理区分として、1日を目処とした即時対応、1週間を目処とした緊急対応、1ヶ月を目処とした応急対応、6ヶ月を目処とした復旧対応、それ以降の復興対応という区分が知られているが[29]、これらの期間に応じて、対処すべき課題も変われば人々の生活の仕方も変わってゆくことから、この区分は現場にいる人々の時間感覚にも対応しているものと考えられる。

　このたびの震災でも、果たしてそうした経過を辿ったのか、宮戸島での震災直後からの状況の変化を、佐藤康男氏の記憶を基に、縄文村館長、菅原弘樹氏の記録に照らして確認してみたい[30]。

　大浜に住む佐藤康男さんは当時76歳。島の顔役の一人だ。歴史に詳しい文化人でもある。震災の時、宮戸コミュニティ推進協議会の会長を務めていた。菅原さんは震災当時48歳、考古学を専門とし、仙台から縄文村に通っていた。震災の時、宮戸島と野蒜を結ぶ松ヶ島橋が落ちたため帰れなくなり、そのまま避難所の運営に尽力することになる。

震災当日の行動と緊急段階の1週間

　当日は、島にいた住民のほぼ全員が、丘に登って難を逃れた。島の中央部、高台にある宮戸小学校が避難所であり、多くの人がそこに集まってきた。避難所はかなり混乱していたが、津波を免れた里浜集落から米を運び、プロパンで炊き、おにぎりをつくった。海苔は島の産物である。佐藤の記憶では900個はつくっただろうという。避難して来た人が体育館に入りきれなかったので、教室を使わせてもらうことになった。民宿から布団も運んだ。

　翌日には、宮戸コミュニティ推進協議会の会長である佐藤ならびに各区長さん、宮戸小学校の教頭先生、市民センター職員、菅原さん他の縄文村職員たちで、災害対策のための全体会議を開いた。まずは被害状況の確認をする

ことになった。

　生活上の工夫は、徐々になされていった。トイレの水は、当番を決めてプールから汲むことにした。たまたま島に来て帰れなくなっていたバキュームカーも役立った。なお、この日から、避難所の部屋割りは浜ごとになった。

　3日目には日赤の医療チームが到着している。4日目には、海上自衛隊が来てくれた。護衛艦2隻でやってきて、ボートで上陸した。水と毛布を持ってきてくれた。行政無線の移設も手伝ってもらった。その後、小学校の校庭をヘリポートとし、里浜の史跡公園を大型のヘリコプター用にした。

　全体会議は毎日2回行うことになる。ともかく、その日どうするか、翌日どうするかと、真剣に話し合った。

　まもなく流失を免れた家の様子を見に行けるようになったが、避難所からの出入りに記録をつけることとなった。不明者が出ないようにするためだが、結構な手間だった。

　家に戻ると、それぞれが、家からいろいろなものを避難所に持ち帰ってきた。校庭では焚き火をしており、元気な者たちはもっぱら外にいた。肉、タコ、サケなどが寄せられ、そこでみんなで話をした。流れ着いた焼酎まであった。リポーターに、「こんなに明るい避難所はないですよ」といわれたことを佐藤は記憶している。家も車も流されたが、犠牲者が出なかったこともあって、皆前を向くことができていたのだと思うと菅原はいう。

応急段階の1ヶ月：避難所生活での島の結束

　5日くらいすると避難所生活も落ち着いてきた。1週間くらいすると、ルールもでき、大塚と里浜との間で時間を決めて船を往復させられるようになった。ただ、乗船名簿を3通つくる必要があり、コピー機がない中で結構な手間だった。結局、対岸の大塚には迷惑もかけたが、大変お世話になったと、佐藤は感謝の念を述べている。

　小学校体育館での生活は、共同生活であった。まだ電気はないので、避難所は8時には消灯となる。そして5時に起床。弁当をつくってもらい、海の瓦礫の片付けに出かけた。女性たちは皆の弁当をつくるので朝4時くらいから仕事にかかった。瓦礫の片付けは、それぞれの浜を分担して行った。漁協の下で行ったので日当も出たが、それ以上に自分たちの海という意識があったので丁寧にさらった。

　こうした体育館での共同生活が約4ヶ月続いた。ある時、東京から岡村先生がリュックを背負って、お見舞いに来てくれた。それはうれしかった。

　3月26日、仮設の松ヶ島橋（県道奥松島松島公園線）ができた。ただし、当初通行できたのは緊急車両のみで、一般車両も通れるようになったのは

たしか4月からだった。

3月下旬になると、市からいわれて、高台の集団移転候補地を探し始めた。盛土での造成はだめ、電気の取りやすい場所でないとだめといった条件がついていた。復興検討会を立ち上げ、皆で見て歩いた。

3月24日、小学校の卒業式を、避難所にいたみんなで行った。皆が手と手をつないでつくったアーチの下を、子供たちがくぐって行った。その様子が、佐藤には印象深く残っている。

復旧段階の6ヶ月：浜ごとのまとまりへ

4月11日には学校を再開するため、浜ごとに、それぞれの集落近くに定めた二次避難所に移った。全体会議は縄文村に併設されていた交流館という施設に場所を移した。

5月の連休前には、電源車が来て、夜も電気がつくようになった。5月11日には集団移転について、5月18日には復興計画に向けた地元検討組織について話し合っている。

浜によって若干時期はずれるが、仮設住宅が完成するのは、6月末から7月末にかけてのことである。6月3日には宮戸コミュニティ推進協議会主催で、第1回目の「宮戸のまちづくり講演会」が開かれている。8月末には、島への水道がつながった。東松島市の全避難所が閉鎖となったのも8月末のことである[31]。

仮設住宅ではあるが、家族の生活が取り戻され、復興段階へと移行していった。ただし、高台移転までには、それから3、4年を要することになる。

(2) 高台住宅地の新たな生活

高台への集団移転に伴う世帯数の減少

さて、震災前38戸（世帯）あった大浜集落だが、1回目の意向調査（2012年2月から）では、高台移転希望は21世帯であった。2回目（2012年10月から）にはそれが18世帯となり、その後アンケートをとった時には12世帯となったが、また少し戻り、結局15世帯の住宅が今、元の集落から約1km離れた高台造成地に建っている[32]。

高台の住宅には面積の制約があるので、お金のある人は市の中心である矢本地区などに家を建てたのだと佐藤康男は考えている。また、震災以前からサラリーマンの人もいて、仙台や塩竈などに通勤していた。そういう人も出て行った。やむを得ないことだと思っている。

高台の住環境の評価

現在（2018年5月時点）、大浜の高台に建っている防災集団移転住宅なら

4. 宮戸島の震災直後と高台の今　　**47**

びに災害公営住宅、計15世帯を対象にアンケート調査を行い[33]、現在の居住地と従前の居住地の比較・評価を行ってもらった。うち回答があったのは13世帯。回答者の年齢は30代から80代までばらついている。

現在の高台住宅地の環境が住みやすいか否か、5段階評価で答えてもらうと、77％の世帯が「大変住みやすい」もしくは「住みやすい」と答えてくれているのだが、それまでに住んでいた集落と比べてどちらの環境が良いと思うかと尋ねると、「高台住宅地の方が良い」「どちらかというと高台住宅地の方が良い」合わせて23％に対し、「集落が良い」「どちらかというと集落が良い」と答えた人は54％であった。

現在居住の住宅ないし高台住宅地に対する不満点は、「買物が不便」なことならびに「虫が多く出る」ことが、それぞれ46％（12項目＋自由記述に対し該当するものにチェック）。高台住宅地の方が集落よりも良い点は、何よりも「津波に対する安心感がある」こと（92％）であり、次に「日当たりが良い」（46％）、続いて「静か」「鳥の声、虫の音が聞こえる」こと（ともに38％）と続く。

逆に、集落の環境の方が良かった点は、「海の気配が感じられた、海の様子がわかった」こと（92％）、「海が近くて便利だった」（77％）点だが、「家が広かった」（77％）、「隣近所と行き来しやすかった」（69％）ことに対しても評価が高かった。「家で宴会が催せた」も46％あった（前問と同様12項目＋自由記述に対し該当するものにチェック）。

(3) 失われたもの─佐藤康男の回顧

大浜の生活

震災前、佐藤の家は大浜で佐藤商店という雑貨店をやっていた。佐藤自身はエンジニアであり、若い頃は、塩竈の造船所に務めていた。戦前のことである。店は先代が開いたものである。この大浜、夏は海水浴客でにぎわい、トウモロコシなど大いに売れた。民宿もやっていた。企業に保養所として部屋貸ししたこともある。店は島の産物、たとえばカジメを千葉に出したり、海苔を石巻、あるいは加工して信州の方にまで出したりもしていた。

商品の仕入れが大変だった。塩竈から塩を入れるのに船で運んだが、当時接岸できなかったので、伝馬舟に移して揚げた。大浜は、道が狭くて四輪車が通らず陸路も不便だった。昭和30年に免許をとって三輪車を買った。これで仕入れが楽になったという。

もともとここは半農半漁で生活していた。田畑を耕すのは年配の者や女性の仕事だった。漁はとれる時はとれた。裕福な人は、定置網をした。といっ

ても網元となり、入札をするのである。そうでない人は小漁をした。はえ縄や釣りである。それが変わって、今では養殖が主となった。海苔が主体である。室浜がんばっている。カキや種ガキもやっているが、リスクが大きくなってきていることや高齢化も進み、減りつつある。ワカメは加工が大変で、震災を機にやめた家が多い。そもそも、自営業が少なくなってきている。そうすると人々の労働力を十分に活かすことができなくなるのではないかと、佐藤は心配する。

　漁師は地域の中で育つもので、昔は炊きまで修業と考えていた。海の人は仲間づくりをするもので、遊びにも仲間と連れ立って行った。

　亭方制度（あるいは「当方」）というのがあった[34]。浜のことをいろいろと決める組織のことであり、春の亭方、秋の亭方があった。そのトップも亭方と呼ぶが、これは交代で選ばれた。亭方もそうだが、何かをやるごとに、その終わりには「おきあがり」（直会のこと）といって皆で飲んだものだ。

　自分が宮戸漁協の議長を務めていた時、海掃除を提案した。海の日あたりに行うのだが、皆賛成してくれて、震災まで 10 年くらい続いた。そうした作業の後にも「おきあがり」をやる。そうした慣わしが絆を強くしていたのだと思う。

　そもそも、海の仕事は協力なくしてはできなかった。舟を降ろすのも揚げるのも手作業であった。それが、今では人の手を借りなくてもできるようになったのだから、絆が弱くなっても仕方ない。

　昔は、舟が戻ると声をかける。すると何人かが出てくる。手の空いた者が、荷揚げの仕事を手伝うのだ。このたびの避難所の運営にも、こうした人々の絆が生きたのだと佐藤は思う。

　島には、昔、津波が里浦の方と大浜の方、両側から来て峠で合わさったという話が伝わっていたので、皆それ以上に高いところに避難しなければならないと考えて行動したのだと思う。昭和 35 年のチリ地震でも 4 mの津波が来ている。また、集落は低い土地にあったので、台風が来るたびに親戚の家などに避難していた人もいた。

　さらに、佐藤は、自然を大事にしなければならないと訴える。かつて、県の補助を得て、奥松島観光公社をつくった。そこで 3 艘の遊覧船を運航していた。佐藤は、その船長兼観光ガイドを務めた。海にそそり立つ断崖に、セッコクの花が咲く。咲く時期は 1 週間くらいなのだが、早咲きと遅咲きがあるので案内して見せるのに助かった。この景観は島の見所の一つでもある。ところが、そのセッコクの盗掘があったので、天然記念物にするよう運動した。守る会を立ち上げ、子どもたちに見せたりもした。

4. 宮戸島の震災直後と高台の今　　**49**

自然を相手にしているのだから信仰心も大切にしなければいけない、と佐藤は続ける。たとえば、大浜では、飲み水を汲む前には水神様に拝む。山に対しては若木迎えという行事があった。それは山から木を持ってきて若餅をつくのだ。海に対しては「オシバト」といって、12月14日八幡様の「オトシトリ」におまいりをする。

月浜で「エンズノワリ」をやるのに対して、大浜では「ウメツキ」をやっていた。これは思いつきという意味であろう。思いつきでいろいろな演芸をやるのである。集落の家は、「ザシキ」「オカミ」「ダイドコロ」の3部屋続きにできており、それを開放して会場とするのである。子どもの時、歌や芸能を覚えた。それは口伝で伝わるのである。こうして文化は伝えられたし、またこういう場を通して、絆も強まったのだと思う。「ウメツキ」には、「ショウキダイジンサマ、ショウキダイジンサマ、タウネガドン」といって悪魔祓いをした。

村には助け合いの精神もあった。村には共有地があり、「ムラヤマ」といって、その日には誰もがそこから自由に薪を取ることができた。また、「ミドリカキ」といって、マツの落ち葉を持って帰って良い日もあった。屋根替えや茅の差し替えは皆が手伝った。茅刈りは義務でやっていた。

今、まさにこうしたものが失われようとしているのである[35]。

5. 地域の時間と計画的行為

(1) いくつかの納得

こうして人の話を聞きながら、この7年半を振り返ってみると、いろいろと納得することがある。住民は前々から、浜に沿った集落には不安も抱いていたのだ。しかし、高台に家を建てることは土地利用規制があって叶わなかった。そういう点では、今回の高台移転に反対する理由はなかったのであろう。

一方、12月のワークショップでお嫁さんたちが漏らした不満は、嫁姑関係に象徴される伝統社会自体に向けられていた。彼女たち個々人をとってみると、必ずしも別居の道を選んではいないのだが、同世代の若者たちの多くが核家族の形成に進んだ現実的な理由は、学校や職場へのアクセスに加えてそういうところにもあったものと想像される。

一方、高台に新たな集落をつくろうという私の提案が受け入れられなかったのは、彼らが大事だと思っていたのが集落という物的環境ではなかったからであろう。むしろ、そこにあった生活、すなわち生業と結びつき、伝統的

文化に支えられた伝統社会そのものが、大切な現実だったのだ。

しかしそれ自体、震災前から漁業のやり方自体が徐々に変化する中で、すでに変化を余儀なくされていた。だからこそ、高台の住宅地を安心して住める良い環境と評価しながらも、やはり昔の、浜（集落）にいた頃の生活が良かったと、懐かしく思うのではなかろうか。

ところが、震災直後の避難所では、伝統的な島の社会構造と暮らしが威力を発揮したのだ。すぐに協力して事に当たり、まとまりができ、話が交わされ、やがて火が焚かれ「おきあがり」のような場まで生まれた。そこに一体感が甦り、地域社会の絆が再確認されたのではなかろうか。

小学校も重要だったのだ。小学校に通う子どもがいない家も含めて賛助会員という組織がつくられていた。島のコミュニティの核の一つが小学校だったのである。その小学校も移転統合されることが決まっていた。避難者全員で行った宮戸小学校の卒業式は、島の人々にとっては特別な意味を持っていたに違いない。

確かに、他地域では、近代化に伴ってすでに失われたものかもしれないが、島の人々にとっては、震災とそこからの復興過程がもたらした急激な変化の中での喪失であった。それでもまだ想像は及ばないかもしれないが、この急激な変化は人口動態にも表れている。

(2) 人口動態に見る変化動向

東松島市の人口の推移からは、震災後、市外に流出した人口がまだ戻っていないこと、しかし、市の人口はそもそも 2005 年をピークにすでに減少に転じていたことがわかる（図1-2）。地区別に見ると、人口減少の仕方はまちまちである。市全体では 2011 年 2 月から 2018 年 8 月までの間に、6.9％の人口減少となっているが、宮戸地区では 46.6％、死者・行方不明者数の多かった野蒜地区では 52.3％と、減少幅は大きい。市内他地域と比べると、矢本地区、赤井地区といった中心部で増加しており、都市は全体的にはコンパクト化しているといえ

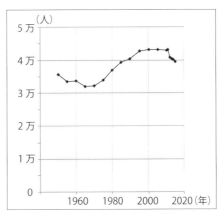

図1-2 東松島市の人口の推移
2011 年以降は住民基本台帳から、それ以前は国勢調査

5. 地域の時間と計画的行為　　*51*

よう。

　しかし、野蒜地区の中では集団移転対象地区とそうでない地区との間で、人口、世帯数の減少割合にさほど違いはなく、高台住宅地が人口流出の受け皿として機能したものと理解できる（表 1-1）[36]。これに対し、宮戸地区では、里浜の人口減少が 26% にとどまっていることに比べ、集団移転となった三つの浜では 61% と大幅な人口減少となった。

　世帯当たり人員で見ると、野蒜地区の値 2.59 人／世帯は市全体平均と同程度であるのに対し、宮戸地区は 2.82 人／世帯と高い。しかし両者ともこの 7 年半の間に大きく低下している。

　世帯当たり人員は、全国的に長期間漸減傾向が続くことが予測されており、それぞれの値が全国平均のいつ頃の値に相当するかで測ると、野蒜地区ならびに全市は、この 7 年半で 12 〜 13 年分の減少幅となったのに対し、宮戸地区は 24 〜 25 年分の減少幅となっている。いずれも、この値については、集団移転対象地区か否かで違いはない（表 1-1）。

　復興過程の途上にあって、この期間の変化だけで結論づけることには躊躇するが、全体に促進されたのは世帯分離と利便性の高い地区への集中といった日頃からの変化の趨勢である。特に、伝統的な漁村集落を維持してきていた宮戸島にとっては、震災と復興過程が近代化をにわかに推し進めた観がある。

表1-1　野蒜地区・宮戸地区の人口・世帯数・世帯数当たり人員の推移

		東松島市	野蒜地区 集団移転対象地区＋移転先地区	対象外地区	野蒜地区合計	宮戸地区 集団移転対象地区	対象外地区	宮戸地区合計
2011年2月	人口	43,142	3,170	948	4,118	574	392	966
	世帯数	15,080	1,093	320	1,413	144	116	260
	世帯当人員	2.86	2.90	2.96	2.91	3.99	3.38	3.72
	該当年次＊	1,993.7	1,992.3	1,990.2	1,991.8	1,961.8	1,977.3	1,968.4
2018年8月	人口	40,146	1,463	500	1,963	226	290	516
	世帯数	15,824	569	190	759	73	110	183
	世帯当人員	2.54	2.57	2.63	2.59	3.10	2.64	2.82
	該当年次＊	2,006.7	2,005.2	2,002.6	2,004.5	1,985.8	2,002.4	1,995.2
増減率	人口	-6.9%	-53.8%	-47.3%	-52.3%	-60.6%	-26.0%	-46.6%
	世帯数	4.9%	-47.9%	-40.6%	-46.3%	-49.3%	-5.2%	-29.6%
世帯当り人員の変化に基づく時間促進効果								
	経過年数＊	13.0	12.9	12.4	12.7	24.0	25.1	26.8

＊該当年次、経過年数：日本全国の世帯当たり人員に関し、1965-2010 年の 5 年ごと実績値ならびに 2015-2040 年の推計値に基づく二次曲線回帰モデルに対する該当年次ならびにその差。実績値は国勢調査、推計値は社会保障人口問題研究所推計による

(3) それぞれの時間感覚と計画論的な課題

計画を考える上での出発点とすべき地点

　震災を契機に加速された近代化は、人々に日常的な生活や社会の大きな変化を強いることになった。こうした変化は皆が経験してきたことだということは慰めにもならないし、かといって伝統社会を維持するべきであったということもできまい。過去に遡って仮定の話をすることはできなければ、歴史は未来を語るものでもない。そのような意味では、歴史と計画との間には超えられない溝がある。

　しかしすでに、観光・レクリエーション機能の拡充と交流人口の拡大というシナリオに沿って物事は動き出しているのであるから、むしろその先や周囲に目を向けるべきであろう。たとえば、かつて野蒜の海岸近くにあった「宮城県松島自然の家」や「運動公園」は、場所を変えて再整備されつつあり、他にも宮戸地区復興再生多目的施設（「あおみな」と名づけられている）など、交流の促進を期した施設が、移転跡地を利用して整備されつつある。加えてこの地域には、もともと別荘のように暮らす人もいたし（土地利用規制があるので量は抑えられていたが）、民宿もあった。リピーターも多かった。地区外へ移った若者も含めて、関わりある人々それぞれに、より関係を深めて地域のことを考えてもらえるよう、しくみづくりがこれからの課題であろう。

　菅原さんは、避難所でも支援物資の分配や役割分担等を決める際、意見がまとまらなかった時に代わって機能したのは、浜ごとの論理に固執しない女性たちのネットワークだったというのである。12月のワークショップで見たように、女性たちはこの島の魅力も課題も冷静に見ている。彼女たちも含めてどのように人的ネットワークを広げ、まちづくりを進めるのか、新しい地域社会の形が問われているのである。

初源的状態からの辿りなおし

　本稿では、三者の視点から、震災後の地域の環境形成に関わる動きを追ってきた。復興都市計画に携わってきた小林典明の視点と、特別名勝の保存・整備・活用の課題を背負った私の見たもの、そして地域に長年暮らし、地域に伝わる先祖代々のものも受け継ぎながら、避難所生活も経験した佐藤康男の視点である。

　それぞれの経験は、時間感覚を伴っている。言い換えると、それぞれが出会った出来事は、一定の時間尺度をもった解釈枠組みの下で解釈され、経験として意識されているものと考えられる。それを表にまとめると表1-2のようになろう。大震災後の地域社会の回復は、社会発展を一から辿りなおし

たかのような歩みを示した（表1-2「避難所生活」の欄）。直後は、一人ひとりが、「てんでんこ」に生き延びることが課題であった。宮戸島では幸いに、大半の人が集落背後の丘に逃れ、避難所での生活では島の団結力が示された。しかし、それも落ち着くとともに浜ごとのまとまりが強まってゆく。1ヶ月経つと、皆で小学校の卒業式を終え、浜ごとの避難所へ移っていった。

　景観に関しては、津波によって基盤にあった地形が顕になり、私たちは長い時間尺度を実感した（表1-2「名勝・文化財」の欄）。その後には、地域の生態環境の回復力を感じることになる。地域の人々が辿ってきた歴史は、遺跡、小径、集落などに今でも名残をとどめている。加えてこの自然環境を景観化してきた歴史もここにはある。大高森の眺望景や嵯峨渓のような海岸景は、ある意味、歴史的産物であり文化的景観なのだ。こうした時間尺度を再認識する機会となった。

　復興都市計画は、高台への集団移転を目標として機能した。地域の人々の住宅再建需要に基づき、地域の合意を得て、5年少々のうちに高台住宅地の基盤を完成させた。しかし、伝統的な漁業集落では、それが社会的な近代化を促すことにもなった。これまで押しとどめられていただけに、急激な変化となったとも見られよう。

表1-2 本稿で示された時間観

領域		都市計画	名勝・文化財	避難所生活	個人史	
本稿での紹介者		小林典明氏		佐藤康男氏・菅原弘樹氏	佐藤康男氏	WS参加者
原点にあるテーマ		個々の開発要求に応じた公益実現	地域を超長期的な時間の下に見る	一人一人がより良く生きるための社会形成	地域共同体への思い	最善の家庭生活
背景にある時間観	太古		地形・大地の景観形成			
	前近代		生態的環境の景観形成	てんでんこに生きる　　　（1日）	自然の尊重・畏敬の念	自然・食生活
			歴史の積み重ね（遺跡）（小径）（集落）（眺望景）	集団で生きる。島の団結力　　　（1w-1m）浜単位のまとまり（1m-3m）仮設住宅のくらし（3m-5y）	地域共同体への思い	伝統社会の否定的側面
	近代的　復旧：復興過程で実行したこと	高台への集団移転そのための、短期間の制度化・計画立案・合意・事業（都市建設）	風致景観の保全そのための景観コントロールの実施	日常的生活の回復（5y -）	神社など地区シンボルの再建	教育・就業などに対応した居住地選択
解決のための手段		地区～国までの密なコミュニケーション	権限委譲と調和的な設計にむけた対話と誘導	持ち寄ってつくる場と密なコミュニケーション	地区や氏子の結束	家庭の機能外部化と都市集中に応じた家庭像
これからの課題		価値の創出	個々の欲求に基づく活用の推進	新たな社会のあり方	まちづくりへの期待	まちづくりへの期待

計画制度や人々の行動の原点にあるテーマの確認

こうして、初源的状態から辿りなおす過程で、計画制度や人々がとった行動、それぞれの原点にあるテーマも再確認されたように思われる。

名勝・文化財の役割は、地域が歴史上に示した姿を辿って見せるだけではなく、そうしたものも含めた「奥松島像」を描き出すことにあると考えられる。時代を超えた地域の美をそこに見出すことが重要である。そうした美しさは常に問いかけられ、掘り起こされ、そして将来に向けて、それに見合った地域の姿や、それを引き出し活かす方法はないかと、計画的な挑戦を煽るのである。

これに対し、都市計画は、地区から市を介し国に至るまでの密なコミュニケーションを実現することによって短期間での高台への集団移転を成し遂げたのであるが、皆の開発要求をまとめて調整することによって公共の福祉（この場合、時間・空間の両面にわたる不利益の抑制と利益の最大化）を実現するというその本質を顕にしたものといえよう。一人ひとりの理解と行動意欲に基づかなければ、大きな物事は動かないともいっているのである。

時代を超えて「奥松島像」とその美を追求してきた名勝・文化財と、個々の要求と行動に根ざしている都市計画、それぞれの成果と計画特性を考えると、両者には相補的な関係があり、そこに計画論的な可能性があることを示唆する。これも一つ希望につながろう。

新たな社会が形成すべき生活文化の課題

佐藤康男氏の意識は、地域共同体を成立させた漁業を中心とした生活、そしてさらにその背後にある豊かな自然といった地域の原点に向かっているように思われる。それは島の女性たちが、島の魅力としてワークショップで語った点とも共通する。

名勝・文化財が行うべき掘り起こしは単に物的な面にとどまらない。問題とされるべきは、それぞれの時代が示した人間＝環境系、すなわち人間と環境との相互関係であり、それは、社会的な面にも精神的な面にも及ぶ。たとえば、岡村道雄（2018）が掘り起こすのは当地の縄文文化、宮戸島での里浜貝塚人の生活である[37]。そこに、この海と山の生態環境の中で、人々が調和的で豊かな生活を送るという時代を超えた共通のテーマを読み取ることができる。それは、地域にとって繰り返される普遍的テーマなのかもしれない。

歴史的知識に補強されながら、このテーマに新しい社会がどのように応えるのかというところが重要である。そこに生活上の必然性があって[38]、自然環境との調和的な関係構築を手がかりに新たな社会の形が生み出されるとしたら、それも一つの希望である。

5. 地域の時間と計画的行為　　55

謝辞

本稿は筆者・小林敬一がまとめているが、第2節は前復興政策部長小林典明氏からのヒアリングに全面的に基づいているし、関連資料の提供もいただいた。第4節（4）の他、地域の歴史や文化、生活の現状に関することは佐藤康男氏からのヒアリングに基づいている。また、奥松島縄文村館長の菅原弘樹氏には、避難所で個人的につけられていた記録を提供いただいた。佐藤剛氏には電話取材に応じていただいた。12月のワークショップに参加された方々の言葉も使わせていただいている。本稿は、こうした方々との合作といっても過言ではない。しかし、それらの解釈と記述の責任が筆者にあることはいうまでもない。また、私が、この町の復興に関わりを持ち、いくつかの調査を進めてこられたのも、さらに多くの方々のご縁とご協力あってのことである。この場を借りてお礼申し上げたい。

註・参考文献

1）鳴海那碩・小浦久子（2008）『失われた風景を求めて──災害と復興、そして景観』大阪大学出版会。
2）日本三景の一つ「松島」は、特別名勝に指定されており、松島湾とそれを囲む一帯の地域を指す。海面を含めて126㎢という広い範囲である。「奥松島」はこの中の一画。
3）東松島市における東日本大震災の被害は、市内での遺体収容者1,067人（平成30年3月1日現在）に上った。特に野蒜では、避難場所に指定されていた野蒜小学校にまで津波が押し寄せたために多くの犠牲者を出した。一方、宮戸島では、背後の丘に避難した人が多く、ほとんど犠牲者を出さなかった。
4）四大観とは、舟山萬年が『鹽松勝譜』に著した四つの眺望点であり、大高森、富山、多聞山、扇谷を指す。
5）小林典明氏は、昭和32年生まれ、昭和57年旧矢本町役場（現東松島市役所）入庁、主に建設、都市計画畑を歩み、復興都市計画課長、復興政策部長として震災復興に従事し、2017年定年を迎えた。2018年現在は再任用で行政専門員を務める。
6）土地利用調整チームの第1回会議が持たれたのは、市の記録では2011年4月19日。
7）「東松島市震災復興都市再生ビジョン」の作成は「東松島市震災復興基本方針」と同日である。当ビジョンの作成にあたっては、震災当時（2011年4月から同年5月）に当市をはじめ被災地支援を行っていた関西広域連合（兵庫県）の職員（数人が交代で対応）が当市の被災状況を調査し、阪神・淡路大震災の経験を活かした現状把握と今後の復興への提案を記したレポートが大変参考となった、と小林典明が語っている。その付図は「復興まちづくり構想図案」として市報2011.07.01, no.78, p.9に掲載した。なお「東松島市復興まちづくり計画」が議会の議決を経てまとめられるのは2011年12月26日。
8）平成30年、執筆時の数字である。面積は団地部分のみ。
9）国の補助率7/8。ただし地方負担分1/8に対しては震災復興特別交付税措置がとられた。
10）被災市街地に対する建築制限は、当初宮城県が建築基準法84条に基づき5月11日まで行ったが、それ以降は、4月29日に成立した「東日本大震災により甚大な被害を受けた市街地における建築制限の特例に関する法律」による制限に代わった

（国土交通省（2014.3.11）『東日本大震災の記録―国土交通省の災害対応』参照）。その後、東松島市は、2011年11月1日に都市計画法ならびに被災市街地復興特別措置法（平成7年）に基づく復興推進地域指定による建築制限とし、さらに平成24年6月1日に建築基準法第39条に定める災害危険区域として制限するという経緯を辿っている。

11）市報2012.08.01, no.104に集団移転事業等に関する今後のスケジュール等を示し、市報2012.08.15, no.105にはその時点での移転戸数、移転人口等を地区別に示している。

12）JVとして平成27年度国土交通大臣賞（リデュース・リユース・リサイクル推進功労者等表彰）を受賞した。

13）各防災集団移転事業の施行面積と計画戸数は大浜地区（3.1ha、15戸）、月浜地区（2.8ha、22戸）、室浜地区（2.8ha、19戸）。

14）野蒜北部丘陵団地の経緯については、東松島市・UR都市機構宮城・福島震災復興支援本部（2018）「東松島市東矢本駅北地区および野蒜北部丘陵地区における復興事業のあゆみ」参照。

15）国土交通省（2011.6.15）「被災地における復興計画策定に対する国の支援について」http://www.mlit.go.jp/report/press/city08_hh_000007.html ならびに国土交通省（2014）『東日本大震災の記録―国土交通省の災害対応』p.142。

16）この意思疎通には、それぞれの議員も関わっているという。

17）用いた旧版図は、「小野」（発行：大正4年、昭和10年、40年、61年）、「宮戸島」（同：大正4年、昭和10年、41年、58年）。読み取りの内容は、詳しくは22）参照。

18）鳴瀬町誌編纂委員会編（1973）『鳴瀬町誌』。

19）野蒜築港の新市街地は明治14年に完成し、15年には潜ヶ浦（外港）でかなりの輸入量があったことが示されている。しかし明治17年秋の台風で東側突堤が大きく損壊し、機能を停止することになる。前掲書pp.467-525。

20）計画的な市街地形成のために昭和43年都市計画法で導入された制度。一般に線引きという。しかし、当地の場合のように開発圧力が強ければ、市街化調整区域であっても、かつ名勝の区域であっても、都市施設は進出していった。

21）年齢は34歳から52歳。皆、島では若手と扱われる。

22）宮戸・野蒜地域の文化遺産の再生・活用検討実行委員会（2012）『宮戸・野蒜地域の文化遺産の再生・活用検討事業実績報告書』平成24年3月。この内容は同委員会（2014）『奥松島―自然・景観・歴史・文化』に再録。

23）震災復興事業と特別名勝松島の保存管理との両立を図るための基本方針としては、宮城県教育委員会が設置した「震災復興に伴う特別名勝松島の保存管理の在り方に関する検討会」の最終報告（2012年1月25日）が重要である。そこには「基本的な考え方」、事業タイプ別の「基本方針」、さらに詳細な「指針」が示されている。その中の1項目に「高台への住宅移転」の「場所の選定」については「可能な限り主要な展望地点（四大観）から見えないよう配慮する」という規定がある。わかりやすいだけに、確実に注意が払われていた。

24）舟山萬年（1822）「鹽松勝譜」巻之十一『仙台叢書別集第四巻　解訳鹽松勝譜』（1926）pp.226-227。

25）前掲書 p.227。

26）河北新報（平成26年11月19日）「持論時論」コーナー。

27) 東松島市では平成28年度の許可件数358件がピークとなった。野蒜北部丘陵での住宅建設が集中したためである。特別名勝松島全体での許可件数もこの年度（740件）が最多となる（宮城県調べ）。

28) こうした考えに基づいて宮戸・野蒜地域の文化遺産の再生・活用検討実行委員会（2015）「宮戸・野蒜地域の復興と文化遺産の再生・活用基本方針」を作成した。その内容は、東松島市教育委員会（2016）「東松島市『特別名勝松島グランドデザイン』―風致景観の向上と地域の活性化をめざして」にも反映している。

29) 河田惠昭（1996）「危機管理と総合防災システム―阪神・淡路大震災―防災研究への取り組み」京都大学防災研究所年報、第39号A、pp.1-18。河田氏は、災害時の危機管理（エマージェンシーマネージメント）を、災害前のリスクマネージメントと災害後のクライシスマネージメントに分け、後者に、時系列に従ってこの五つのステージがあることを示している。

30) 佐藤康男氏に対するヒアリングは、第1回（2018年5月11日）、第2回（6月8日）、第3回（9月6日）に行った。菅原弘樹ノート2冊は、本人が備忘録としてつけていたもので、3月11日から7月頃に及ぶ。

31) 市報2012.03.01, no.94 震災から1年間の主なできごと。

32) 佐藤康男の記録による。

33) 筆者が行ったアンケート。期間は2018年5月15日から23日。佐藤康男氏に依頼して、配布ならびに回収を行った。無記名式。設問は12。15世帯に配布し、13世帯から回答を得た。

34) 尾形一男・笠原信男・岡村道雄（2014）「宮戸島の歴史、民俗文化に関する調査」前掲書22）pp.143-191では当方と記されている（p.160）。

35) 佐藤康男を含め大浜区会ならびに伊勢講の人たちは、震災後、大浜の八幡神社再建準備委員会なるものをつくり、資金を集め助成も得て、再建を果たしている。

36) 対象地区でなくとも浸水被害がなかったわけではないことから、多少、割り引いて考えなければならないが。

37) 岡村道雄（2018）『縄文の列島文化』山川出版社。他にも、里浜貝塚の発掘調査成果などを基に縄文時代の地域の日常生活を描いたものに、岡村道雄（1994）『歴史を読みなおす1 縄文物語―海辺のムラから』朝日新聞社、がある。

38) 稲垣栄三氏の発言に、「コミュニティーというのは、…生活上の必然から成立するのだ」（木原啓吉編著（1978）『環境の理想を求めて』核心評論社、pp.429-430）という指摘がある。本稿は、以下、理想主義として述べているのではなく、繰り返されるテーマであれば、これからも何らかの生活上の必然があると期待して述べている。

2章
カタストロフの景観を生きる

黒石いずみ

1. 復興による生活環境の変化の問題と理論的枠組み

　東日本大震災後すでに 8 年が過ぎて、国や自治体による再建工事や大規模なインフラ開発が各地で行われるとともに、被災地の町並みは大きく変貌を遂げている。その傍らでは、多くの犠牲者を出した象徴的な災害遺構が解体され、嵩上げ工事や街区整備工事が進む場所では、被災前の面影もそれを思い出す手がかりも日々消えている。また被災地域のあちこちに出現している高層の大型災害公営住宅地は既存の町並みと大きく異なり、その住民の孤立感が余計に感じられる。そのような景観の変容について、著者は震災後にある被災者（60代女性）から、

> 「復興工事が進むのはありがたいが、昔の家の場所や周りの風景を今はもう思い出すこともできないのが寂しい。確かに被害の時のことは忘れたいし、失ったものを思い出すのは辛い、でも昔の暮らしを思い出せないのはもっと辛い」

写真 2-1　気仙沼市内の被災直後
　　　　佐々木徳郎氏撮影

写真 2-2　同じ場所の瓦礫撤去後の様子
　　　　佐々木徳郎氏撮影

と聞いた。被災からほどない頃の話だったので、自宅や大事なものを失う困難の中で風景の話が出ることに驚いた。そして、そういえばこれまで我々は物理的構築物の再建を急ぐあまり、風景の喪失が人々の心理に与える影響や被災の経験を抱えて生きていく人々の精神状況を、十分考慮せずにきたのではないかと気づいたのだった。そして被災した方々はどのような風景を「失った」と意識しているのか、復興の過程でそのイメージはどう変わっていくのか、そのような心理や記憶の問題も含めて復興計画を考えることはどのように可能かと考えたのだった（写真 2-1、2-2）。

　このような復興工事によって、地域の個性や慣れ親しんだ環境が損失することの問題を行政も早くから認識し、地域の歴史的・文化的個性を維持してその手がかりにする復興提案を行っている。たとえば平成 23 年度に国土交通省が報告した「歴史・文化資産を生かした復興まちづくりに関する基本的考え方」では、

> 「被災地域の人々が日々の暮らしの中で大切に育み、受け継いできた故郷のランドマークとなっている建造物、慣れ親しんできた町並み、心の拠り所となる祭礼の場や用具、さらに多くの人々を引きつける地域らしい魅力ある風景など、故郷の誇りともいえる多様な資産」が「復興にあたり、誇りや愛着を持てる故郷を再生し、観光や交流による活力あるまちづくりを進める上で、貴重な資源となりうる」

と説き、生活の再建とともに歴史的景観の回復と継承を図ることが重要だと述べている[1]。しかしこの報告書の視点は、建築の行政的な指導の立場と歴史的な客観性を重視する専門的な立場からのものであり、町並みや建築物などを中心に「定評のあるもの」の客観的価値を確認し保存する、従来の文化資源保存の方法論と理念に基づいている。また住民の生活環境の保護と同時に、歴史資源を観光資源化して地域おこしを行うことを目的とする。確かに震災復興の事業として観光は重要だ。しかし観光資源とならなくとも地元の人々にとって重要なもの、客観的には特記すべきものでなくとも地域の生活の歴史を刻んでいると思われるもの、さらには物理的でないものや日々変化する情景、破壊されて目の前にもう存在しない記憶の中のイメージなど、被災者の主観的で個人的な感覚や価値観に基づく歴史や景観資源もまた、その日々の心理的安定と復興にとって重要なのではないだろうか。

　被災直後から 8 年という時間の中で、社会的状況も自然環境も、そして人々の状況も変化を重ねてきた。それにつれて人々が思い出すものも環境への

感受性も変化し、その表現も変化していく。だからこそ前記のような「被害の時のことは忘れたいし、失ったものを思い出すのは辛い、でも昔の暮らしを思い出せないのはもっと辛い」という複雑で揺れ動く心理を汲みとって、人々の被災後の生活の状況や心理、記憶を辿りながら、その大事なものを探る必要があるだろう。それには、単に町並みや自然の美しい景観や歴史資源の保存、経済活用を目的とする地域経営の問題として扱うのではなく、より柔軟に心理的な意味の変化を考慮し、人と環境の関係を相互に影響しあうものとして考えることが必要だと思われる。

生活の景観概念の見直し

　では地域の生活環境が変化するにつれて、その地域文化や歴史の解釈も変わらざるをえないとした場合、自分の生活環境の問題を人々はどのような場面で意識しイメージを形成するのか、それはどう実際の生活に影響を与えるのか？　つまり変化しつつある状況で生活している時に、その場所のイメージ、動的な景観概念を出来事の記憶や環境に対する感受性の変化もあわせて一体的に捉えるには、どのような視点が必要なのだろうか？　特に被災という経験や、その後の復興の過程で住み移りを繰り返す不安定な状況で、人々は生活や景観、自分の記憶の変化を普段よりも深刻に意識せざるを得ない。その場合、元来客観的に特定することが困難でさまざまに語られる景観の記憶や「らしさ」という概念は、さらに曖昧でなおかつ重要なものになる。それらは人々の社会的立場や状況、あるいはそれを考える問題意識や時間的尺度、空間的尺度によっても異なる。たとえば「ふるさと」についての議論も、具体的な風景だけでなく歴史の解釈の仕方や、暮らしの場や社会状況や人間関係の変化によっても異なってくるだろう。

　このように地域の生活の積み重ねの中から生まれて共有される、何気ない景観記憶が曖昧で変化に富むものであることは、これまでさまざまに研究されてきた[2]。その成果を前提として、本研究では被災後にさらに変化し複雑化するとともに刻々と失われる生活の景観の記憶が、人々にとって被災以前よりもより重要に意識されることに着目し、それがどのように再構成されて場所への帰属感や心理的安定をもたらすのかを明らかにしたいと思う。今回の被災とその復興の問題は、各地で災害により派生しているさまざまなカタストロフィックな生活環境の変容と多くの共通点を持つ。さらには現代の都市部に暮らす人々が、戦後の復興の中で当然のように受け入れてきた社会や生活の価値観と環境の変化の結果、無意識に感じてきた、漠然とした生きにくさの問題にもつながるのではないだろうか。大きくとらえれば、それは災害による生活環境変動や移動に伴う問題が我々の未来にとってどのような

意味を持つかという問題でもあるだろう。

　以上のような問題意識から、本研究ではまずインタビューと定点観察を主とする手法によって当事者としての被災者自身の視点を継続的に把握し、被災直後に交わされた失われた景観についての議論や、その風景に対する意識の変容を考察する。カタストロフというべき状況の中で、生活の基盤や家族を失った人々は、普段の生活感覚を取り戻すのが大変だったにちがいない。復興の制度さえも変わる中で、どうやって精神的な拠り所を見出し、自分らしい生活を再確認できたのか、あるいはその変動の中でどう変わらない自分らしさを見出していったのだろうか。被災と復興の過程を通ってきた人々の経験は、まさに「想定外」の出来事と抵抗できない災難に耐えて生きぬいてきたものだったはずである。その日常性を回復するための生活の景観に対する意識の変化を捉えることを試みたい。

つくり直される歴史と景観とアイデンティティ

　まず本論の基盤となる理論的枠組みとして、景観と社会変化、その歴史的問題と心理的意味を考察するための議論をふりかえる。歴史・景観・アイデンティティが相互連関的に形成され変容する状況を論じる理論として、アンソニー・ギデンスは、人々がアイデンティティの問い直しをする時、各種の景観やモニュメント、建造物や象徴的な都市空間を手がかりにすること、地域空間とはその相互作用が空間化されたものであると説いている[3]。そして、

> 「景観を文化的体系の中心的要素の一つと論じたい。それというのも、物体の秩序立った集合体、つまりテクストとして、景観は意味付与の体系として作用し、それを通じてある社会体系が伝達され、再生産され、経験され、探索されるからである。景観のこの構造化されまた構造化する性質を理解するために、第一に、私たちは景観によって意味されるものを究明し、第二にこの意味作用が生起する仕方を検討しなければならない」

と述べる。そしてその意味作用が、「人間のさまざまな行為の整理された所産として、その世界を構成するためのまさに基礎となるものである」という。さらにギデンスは、現在はモダニティ（いわゆる近代化や合理化）がもたらした帰結が徹底化し普遍化していく時代であり、モダニティが生み出した生活様式は伝統的な社会秩序類型をすべて過去に類例のない形で一掃し、そのダイナミズムは時間と空間の分離を進める。それは知識の絶え間ない投入が個人や集団の行為に影響を及ぼす社会関係の再帰的秩序化・再秩序化に由来

すると述べる。そして場所と空間が概ね一致していた前近代社会に比べて、モダニティの出現は目の前にいない他者との関係の発達を促進し、空間を無理やり場所から切り離す。そしてそれが社会関係を習慣や慣行という束縛や相互行為のローカルな脈絡から引き離し、機能主義に基づいて標準化された時空間の無限の広がりの中に再構築する「脱埋め込み」を招くと論じた。

　これらのギデンスの議論は、まさに、被災地で急速に進む機能性や合理性を優先した復興工事、地域性を持たない住環境にコミュニティから切り離されて適応せざるを得ない人々の状況を説明している。つまり、それは被災そのものだけではなく、これまでの時間と空間のあり方からの分離や社会的な意味の変化が復興事業という名の下に、当然に受け入れるべきものとして急速に導入されている状況であり、それへの違和感は住民たちの単なるセンチメントではないことを示す。人々が感じている違和感を理解するには、景観が人々に何を意味するのか、その意味が生まれるしくみは何か、そして復興の過程の環境変化を主導してきたモダニティの論理により、これまで生活と景観と社会関係あるいは空間と場所を結びつけてきた秩序がどう変わるのかを考察する必要がある。また長期化する復興の問題を考えると、景観の喪失や暮らしの変化を、被災直後の短期的スパンとその後の数年間に及ぶ長いスパンの両方で、地域の歴史全体の中に据えて見直す必要もあるだろう。そこで本研究は被災地でのケーススタディを通して、震災後に人々は景観の喪失とその意味をどう認識し、復興で生活環境と社会関係はどう空間的に再構築され、人々は自分たちの場所を新たに構造化していくのかを考えてみたい。

歴史観の見直し

　このように短期と長期の時間軸を同時に考察しようとする場合は、まずは機能主義的・経済中心的に復興の目的や成果を考える方法を見直して、景観や地域の変化と人々の心理や生活の関連性に注目しつつその変化の経緯を細かく検討する必要がある。それはいわゆる科学的歴史学による因果関係ではなく、経過の記述に重点をおき社会史や生活史の個別側面を叙述するミクロの歴史学によって可能になる。たとえばエリック・ホブスボウムが提案した、近代社会を支えてきた「大きな物語」の権力構造や支配的な価値観、歴史の構築性を明らかにして、個人や社会の多様性、歴史認識や価値観の多様性を明らかにする方法（1992）がある[4]。またクリフォード・ギアーツによる、どのように？　を追求して時代や文化ごとに異なる論理的特徴を解釈概念を用いて理解し記述する方法も重要である[5]。そしてエドワード・ソジャが論じた「空間性」「社会性」「歴史性」の三限弁証法で、それらの要因が相互

1. 復興による生活環境の変化の問題と理論的枠組み　　**63**

作用的につくり出す状況を理解する視点も、本研究の環境と歴史、人々の社会への帰属意識と生活空間の相互関係を考察する上で特に重要である[6]。

　21世紀になって、これらの因果関係を追求する史学と記述・解釈追求の史学とを統合するために提示されたもう一つの歴史的方法論に、社会現象を引き起こす複数の諸要因を明らかにして新たな側面を提示しつつ、因果説と記述説を相互補完的に用いる方法としてのパス・ディペンデンシー、あるいはアブダクションと呼ばれる方法が挙げられる。すなわち成り行きに応じて、のちに合理的に整理された記述だけではなく、歴史的な出来事の都度ごとの社会的判断の根拠を検証していくこと、また歴史的な事例を検証してその中にある判断の誤りを明らかにすることで、多数の事例を構造的に比較して焦点を絞りながら段階的に仮説を確認して、全体の歴史的変化の過程を再検討する方法である。実際にはそれが応用されるのは制度史の変換過程に関する研究が多いが、自然災害や戦争など予測を超えた出来事の場合にも、この手法を用いて歴史の外的要因による転換や関与する当事者たちの時々の判断の相互関係を見ることが可能になると思われる。

　経済史家のジェームス・マホニーは、このようなパス・ディペンデンシーに基づく歴史研究の特徴は歴史社会学として二つのしくみを持つことだという[7]。一つは、歴史的意味の変容が自発的な加速プロセスを持ち、制度的なしくみを長期的に再生産する傾向があることを明らかにする点。二つ目は、歴史的変容が反応的なプロセスを持ち、一時的な秩序と原因となる出来事との連鎖反応関係があることを明らかにする点である。そしてマホニーは出来事の歴史を記述する時には、特にそれぞれの状況において技術や対象の優先度、アクターの役割の変化が重要であると述べている。つまり、まず行政的な制度や企業的な意図、住民の意見の相違など、ある意味で偶発的・外的な要因によって物事の流れが大きく影響を受けることを前提にする。その上で、何らかのきっかけで地域の歴史が再確認され、さまざまな主体による物語づくりが行われて進むべき方向の共通のイメージが形成される相互的な状況の変化に着目する必要があるのだ。そしてその時々のアクターの活動や判断がその過程を決める様相そのものも、ある種の歴史として考えるのである。それは予想不可能な出来事の連続だった震災と復興過程を対象とする本研究の、人々の状況への関わりの変化を重視したアプローチの歴史学としての意味を裏づけるものだといえよう。

　そこで以上のような理論を参考にして、被災から復興の過程で集団の記憶として再構成される、あるいは住み移りの中で見出され再構成される生活の景観の意味と記憶、人々の心理や行動について、次の三つの角度から

考えてみたい。

①生活景の喪失と回復：失われた景観と生活空間がどう語られ認識される
のか、それは何のためにか、また他者との会話の中で「ふるさと」の意
味はどう生じてくるのか、視覚的情報と言語的情報のイメージはどう関
連するのか。

②共同の生活景の歴史保存：海の景色や神社などが被災後にどう地域への
つながりとして見出され、歴史的に位置づけられ、変形し維持されてい
くのか。生活景観の歴史認識が、復興を自分たちのものとして自覚する
手がかりとなる過程を考える。

③住み移りと生活の原風景：住まい移転に伴う生活環境の変化や適応の困
難の中で、何を手がかりに自分の過去の生活基盤・社会的アイデンティ
ティを再確認するのか、また仮設住宅や災害公営住宅の空間と人々のコ
ミュニティ形成の関係が示唆する生活の原風景の意味について考える。

事例研究の場である気仙沼地域の被災

本研究では、著者が 2011 年以来通い続けている宮城県気仙沼市を主な事
例研究の対象として取り上げる。2011 年の東日本大震災では、気仙沼市は
その人的被害が総人口 73,489 人のうち 1,357 名、住宅被災棟数は 15,815 棟、
被災世帯数は 9,500 世帯、浸水面積は市区町村面積 333㎢ のうち 18㎢ に上り、
津波の最高高さは 20.99 m に及ぶというこれまでの経験をはるかに上回る被
災を経験した。リアス式海岸の特徴で細かく入り組んだ湾が連なる地区では、
その湾の奥深くまで津波が浸入し、沿岸部の集落のほとんどが大きな被害を
受けた。気仙沼内湾地区は、津波直後から石油タンクの油の流失による大規
模火災で、湾に接する地区の大部分が破壊されてさらに被害が深刻化したの
だった。

被災直後から、外部の自治体や国や県の支援を受けて気仙沼市は被災者の
救援と復興事業に取り組んできた。しかし今なおインフラ工事に関する行政
と市民の対立や、仮設住宅や災害公営住宅の高齢化問題などの問題が継続し、
大規模な行政地域でありながらも復興が進まない場所の一つとされる。その
理由に、被災地の中でも気仙沼は最もリアス式海岸地域の地理的・産業的特
徴を反映した、歴史的文化や社会的特徴が残っている場所であることが挙げ
られている。地域の歴史と民俗に詳しい川島秀一によると、被災前の気仙沼
の暮らしには次の三つの特徴があった[8]。

①気仙沼の中には、小さな湾や港を中心にそれぞれに特徴のはっきりした
小さな地域のまとまりがいくつもあり、独自の地域感覚を持っている。
小規模な港でもそこを中心に住民は相互扶助に基づく強いコミュニティ

を形成しており、地域ごとの神社での祭礼を手がかりにそのつながりの維持と再生を図る努力を熱心に行ってきた。

②多くの家で、養殖、遠洋漁業、水産加工の工場勤務に従事する家族がいて、多様な経済基盤を持っていた。そして昔から離れた内陸部に農作地も所有し、漁業と農業を兼業していた。

③地域のまとまりの強さの一方で、気仙沼には海を介したさまざまなネットワークがあり、多様な来航者を受け入れる開かれた都市でもあった。たとえば気仙沼と日本各地の漁港には、カツオ漁を介した縁戚関係が存在している。

つまり、気仙沼には、海と山のつながりや多角的漁業形態によるフレキシブルな生産のしくみ、漁村としての相互扶助的な共同体と家族形態、神社や港を中心とした社会空間のしくみが現代にまで継承されてきたのである。地域研究家の地井昭夫は、それが住民の地域意識の源であり防災の知恵や再生能力でもあったと指摘している[9]。このような地域的特徴は人間関係や暮らし方の独自性、はっきりとした意思表現の仕方にも現れており、被災後も人々は地域の隣人と互いに支え合いながら、その状況について早くから語り始めたのだった。

2. 語られる「失われた景観」

新聞での「失われた景観」の議論

数多くの犠牲者を出した恐怖の体験ののち、多くの人々は絶望と苦難の時間を避難所で過ごした。そのような状況で、被災以前の景観が全く失われふるさとの記憶が失われることへの危機感を、人々は新聞やさまざまな媒体で発言し始めたのだった[10]。2011年3月には、地元の新聞記事の読者欄に被災前の風景が失われたことに対する喪失感や、それまでの生活やコミュニティが失われることへの不安と、それに皆で立ち向かおうとする意志が述べられている。震災直後の被害地域での瓦礫掃

写真2-3 気仙沼市内の破壊された建物の跡地に大漁旗が掲げられた
佐々木徳郎氏撮影

除では、家具やさまざまな生活道具に混じって多くの家族アルバムや写真が収集されたが、3月末には避難所に被災地で発見された写真が集められ、「写真の数だけ暮らしがあった。その証を残すことで住民たちが前向きになれれば」と整理が始められた。そこで用いられた「生きた証」という切迫した表現は、被災前の状況を再確認することがどれだけ人々の心の支えとして重要だと考えられていたかを示す。

　4月に入ると、紙上では「"ふるさと"の自画像を描く」活動や各地での遺失物の公開が始まり、「お金はなくとも何とかなるが、思い出はそうはいかない」と語られるようになった。2011年4月6日には、仙台のギャラリーが再開し「こういう（以前の風景が失われた）時だからこそ」と、被災前の写真が展示された。そして気仙沼でも4月20日には港町の「誇り」を示すために、大漁旗が街の中心部に飾られた（写真2-3）。続いてNPOの20世紀アーカイブ仙台が設立され、「今残さなければ消えてしまう」とウェブサイトで震災前後の市民生活を写した写真を公開し、思い出と被災後の体験を共有して後世に残す活動が行われた。そして2011年5月末には写真を拾い集める「探し隊」と、企業の支援を得て被災者の記憶をサポートするために写真を洗浄しデータ化と復元保存・返還作業を行うしくみが日本社会情報学会でつくられた。実際は遺影を目的とする事例以外は、被災者の手に戻る事例は多くなかった。画像分析による検索機能に限界があること、また個人の肖像以外の失われた景観の写真は、それがどの地域かを特定するのが困難だったことが理由である（写真2-4）。

写真2-4 旧月館中学校に設けられた被災写真のアーカイブ
筆者撮影

　しかしその一方で、写真を地域景観の歴史的資料として共有しようとする動きが高まっていく。気仙沼の本吉地区では住民たちが「この街に暮らす10年後の人々のためこれまでにやってきたことを続けることが大切」といって、被災前に撮影したふるさとの風景や普段の暮らしの写真を展示した。2011年7月になると、震災前の写真を集める活動が新聞に載り、「復興の心の支えになればうれしい」と写真集も出版された。8月になると、写真による景観の記録が復興事業において果たす役割が意識

2. 語られる「失われた景観」

されるようになる。「自治体が進める長期復興計画では、地域固有の文化が断ち切られることがないよう、昔ながらの景観、建造物の復活にも意を用いてほしい」「全国どこにでもある新興団地のような街の建設を望む住民は少ないだろう」と社説に掲載された。

9月には読者から「景観の修復や保存は、私たちの心の支えとなる」「長い歴史に支えられた地域固有の文化を断ち切ることがないよう、復興計画にはそれらのことを十分意を用いていただきたい」という意見が投稿された。そして2011年11月に名取・閖上（ゆりあげ）の思い出を永遠に残そうと風景写真集が再版され、12月には地元の写真家が「多くの人の『場所の記憶』を大事にしたい」と投稿した。この段階ですでにふるさとの記憶を守り、地域計画に活かそうとする強い意志を持つ人々が現れたのだった。ふるさとのイメージという自己の存在基盤が脅かされていることを人々が鮮明に感じていることがわかる。また写真をめぐる一連の動きは、それが被災者の記憶をとどめる視覚的資料としていかに重要であったかを示している。

2012年になるとこのようなふるさとの風景の記憶についての記事は減少していくが、被災前の景観や被災後の暮らしの様子を記録すべきだという議論は継続した。2014年の新聞には、被災前の景観や被災後の体験を積極的に記録して復興計画に活かす方法が、市民によって模索される様が載っている。1月には阪神・淡路大震災や中越地震の経験に学んだ被災の記憶を保存するアーカイブ活動が検討され、「被災体験は点でなく線だ。初期の聞き取りや書き綴りだけでは十分とはいえない」「アーカイブ活動は住民が主役。被災した地域や人のことだけでなく、記録や遺構を残したいという住民たちの“思いを伝える”役割がある」と書かれた。そして2月には記憶地図づくりや、震災前の町並みをネットに記録する作業が始まったのだった。続く3月になると、行政レベルでも集団移転で土地とのつながりが断ち切られてしまう住民らに対して「地域の過去と現在を見据え未来にどのように伝えていくか」が問われ始めた。気仙沼市は文化委員会を設立し、他の市と競合しない震災遺構として何を、どのような方法で保存するかの検討を始めたが、その段階で震災遺構といえるものはすでにほとんど残っていなかった。2014年初頭の段階で、石巻市谷川小、仙台市中野小、宮城県南三陸町防災対策庁舎、200人以上が犠牲となった岩手県釜石市の鵜のすまい住居防災センターなど、残存していた震災遺構の解体方針が次々と示され、保存が決まった岩手県大槌町の旧役場庁舎の一部も2018年には取り壊しが決定された。

しかし以上に見るように、新聞紙上で市民たちは震災直後から「思い出を救うことはこれからを生きていくための大きな力になる」と発言し、その

議論を深めてきた。行政が震災遺構の保存や歴史保存に取り組むずっと以前
に、人々は被災前の生活や景観の記憶の保存を、ふるさとの喪失と自分のア
イデンティティの危機、復興のあるべき方向性やコミュニティの再生の問題
と関連づけて議論していたのである。市民自身が自分たちの一体感と郷土へ
のつながりを守ろうとする切実な問題意識から景観を問題視し、連鎖的に
その議論は広がった。だが、これらの新聞の議論は問題意識の形成と共有に
役立ったが、具体的な「ふるさと」がどのようなものだったかを明確に特定
するものではなく、被災前の多様な市民生活や町並みの全体、写真に残され
た風景全体のイメージが混在していた。そして新聞などメディアの議論は、
写真を手がかりに問題が共有・明確化され、その解釈が語り手によってさま
ざまに行われた。その議論は、被災前の地域の記憶の喪失に対する危機感と
未来への不安、そして郷土のイメージを心の拠り所とする人々の思いがない
まぜになって高まっていったのである。

メディアと物語：ふるさとと原風景概念

　被災後の新聞やメディアに表した、「ふるさと」の喪失を嘆いてかつての
町並みや人々の佇まい、季節の行事の風景の記憶を写真によって保存しよう
とする姿勢は、明確で具体的な特定の景観を対象とするよりも、むしろ被災
地全体に及ぶ広い範囲を対象としたさまざまなイメージ、人々のかつての暮
らしの断片的な風景の記憶を対象とするものだった。そのような風景と暮ら
しのイメージを原風景と名づけて、理論化したのはフランスの哲学者ガスト
ン・バシュラールである。バシュラールは、原風景とは幼い頃の体験や夢、
物語や絵画などに触発されてイメージする幻の場所、さらには箱や引出し、
部屋の隅などのように、合理的には説明できない心の安らぎの場所と結びつ
いた、人のアイデンティティの拠り所となるイメージ全体を示すものだと説
明している[11]。そして、人と環境をつなぎその経験の意味を相互的に形成す
るには、物語や記憶の役割が重要であり、景観とそれにまつわる場所の記憶
や物語が逆にダイナミックな社会の変化の影響を人に及ぼす媒体ともなると
指摘している。

　その原風景の概念を、日本の文化的な風景概念と現代の文学的なイメー
ジとの関係から議論しているのは、奥野健夫の『文学における原風景』で
ある[12]。バシュラールの議論を踏襲し、原風景をそれぞれの魂のふるさと、
深層意識に固く守られ律せられている自己形成空間と位置づけて、自己と同
一化してなじんだ心象風景、生活空間の象徴、また客観描写できない時間と
記憶が累積した風景、さらに血縁や地縁の複雑に絡まるものだという。また
近代化による日本の生活空間および地域共同体の変化や崩壊の問題を取り上

げて、風景と権力の関係や郷土の均質化、逆説的につくりあげられるふるさとのメタファーとしての疎外の場が都市に存在すると議論する。そしてヨーロッパの風景概念と日本のそれとの違いは、物理的場所ではなく移り変わる時間や視点を含み、地図ではなく語りによって生成することだと指摘した。そしてユングによる、人類が共通的に持っている集団的深層意識の議論を参照して、

> 「その民族に過去から伝えられ環境によって形成された個人を超えた遺伝的な深層意識の記憶である。それと同じように原風景にも個人的な固有の原風景とその民族や風土ごとにある共通した原風景を考えることもできそうである。それは地形、気候、生産手段、社会形態、宗教、タブー、風俗、言語などに関わるもので、民族性とか、伝統とか風土とか呼ばれるものと重なり合う。……風景やパターン化したイメージは確かにある。……人為の移ろいやすさ、自然の変わりやすさ、つまり空間より時間を描いているのだ。原風景とは言語以前の表現される以前のイメージである」

と述べる。被災地で語られたふるさととその喪失への危機感は、メディアを通して言語化され共有されることでより明確化した。それは流動的なイメージとしての原風景であり、その喪失が意味するのは、被災前の時間や空間、被災における家族や生活基盤の喪失であり、そのあとの自分たちの運命の変転への不安という、被災者全体の集団的深層意識が反映されていたといえよう。

景観記憶の多様性と共有

写真探し隊への協力や、被災前の景観や生活を描く写真の保存活動の中で、多様な景観写真があることに気づいた。たとえば図書館には市史や郷土史資料として地域景観の写真が残されていた。また仮設住宅の訪問活動では、被災前の住まいを撮影した航空写真を拝見したが、そこには昔からの豊かな生活の様子が明確に写されていた（写真2-5）。

それらの写真について被災者の方々と語り合う中で、被災前の生活の状態を客観的に振り返り、道が曲

写真2-5 被災前の気仙沼小々汐地域航空写真　小松氏提供

がっていて建物の陰で海が見えなかった場所や、逃げ道を確保しにくい状況だった場所、落下物が多い場所など、防災上問題になる地域が明らかになった。また写真調査は、被災前のはるか以前の歴史に触れる機会にもなった。地元の写真家集団「鼎」のリーダーである佐々木徳郎氏が保存するガラス銀版写真は、すべて昭和初期の鹿折地区の風俗や家族の様子、埋立て前の潟や山並みの風景を写したものだった。それは歴史的に重要な資料であると同時に、当時の気仙沼に住む人々の生き生きとした表情や雰囲気を伝え、現在見ても魅力的な日本人の原像を彷彿とさせるものだった。そこに写る人々の佇まいは、厳しい自然と闘いながら漁業や農業を営んできた気仙沼の生活文化と精神性、いわば地域のアイデンティティを伝えており、目に見える現代の風景や生活とかけ離れていることが、かえって印象的だった。

　写真データを共有するために、市史や地域の方のお話を参考に被災前の気仙沼各地の生活と風景の特徴、農業や漁業の季節ごとの営み、各地の祭りなどの情報を集めその写真に説明を加える作業を行った。また被災前の写真を用いて「思い出の景観地図」づくりを行い、地域の人々からどの場所でどんなことが記憶に残っているか、また何が被災で失われたのかを記録した。そこで気づいたのは、景観は写真という媒体を通してその場所での生活の物語を記憶の中から引き出す手がかりとなっており、それを映像や地図でより広く共有することで、それぞれの記憶がより鮮明に豊かになるということだった。そして地域のランドマークや誰もがわかる忘れがたい場所も明らかになり、各地域の特徴を全体的に把握することが可能になった。視覚的情報と物語は切っても切れない関係にあることを強く感じた。

メディアと視覚情報のスペクタクル性

　しかし今回の大震災でのメディアの影響力の大きさは、被災地の状況を伝える連日の視覚情報があまりに悲惨でショッキングな部分に集中したことに見るように、写真や映像の視覚情報が、被災者自身の実際の経験とは異なった意味を持って受け取られ、あるいは感覚的な刺激を増す効果のために変形される場合もあることを明らかにした。それは、外部の者の被災地への関わり方が問われる機会でもあった。また現状の「理解」に視覚情報はどう役立ち、どのような限界を持ち、目に見えないものはどう扱うべきかという問いでもあった。たとえば、今回の震災ではテレビを通して津波のイメージが強烈に伝えられた一方で、その秩序だった忍耐の姿の陰で人々が直面した目に見えない心理的・社会的問題は目立たなくなった。そして、時間が経って表面的に人々の暮らしが正常化すると、外部のメディアの被災地への関心は薄れた。被災の物語は自然災害による破壊として単純化さ

れ、復興事業に伴う地域の社会問題とその全国的な問題性も次第に見えなくなった。

　これらの事象は、悲劇の記憶を視覚的に他者に伝達することの難しさを表している。「救済された」写真が所属不明のものとして流出し、震災の悲惨さの象徴として芸術作品化され海外で展示された事象もある。個人の記憶と失われた景観の記録と公共性、その視覚的資料の保存と解釈と所有の権利、観る側の責任が問われる事例だった。スーザン・ソンタグはこのような視覚情報の問題について、現場の知において「客観性と習慣性、実証と仮定の間の興味の対立は解決することはできない」と述べ、映像や視覚的メディアは、新しい視覚を提供して現実を正確に映しているように見える反面、それを断片化し矮小化し、歴史を光景に変えてしまうと指摘する[13]。そして、ギー・ドボールのスペクタクル論を次のように批判する。

> 「我々は"スペクタクルの社会"に生きている。……現実は退き、現実の再現のみ、メディアのみが存在する……現実がスペクタクルと化したと考えることは、驚くべき偏狭な精神である……それは誰もが見物人であるということを前提にする。それはかたくなに、不真面目に、世界には現実の苦しみは存在しないことを示唆する。しかし、他の人々の苦しみの見物人になったりならなかったりする、怪しげな特権を享受している富める国々を世界だと見なすのは途方もなく間違っている」

　つまり、現実にはメディアに希釈されない側面が依然として存在し、他者の現実を我々は真に理解することはできないと説いている。現在の我々もまたこのスペクタクル的状況を自覚しつつ、目に見える視覚的情報の多重の意味と受け手による意味の異なり、細部への視点と全体的な俯瞰する視点のギャップを意識して、それを解決しようとすることが必要である。ソンタグが指摘するように、我々は自分たちだけの知識で目に見える現実を理解しがちなのであり、常にその背後にある社会的文脈や意味の問い直しを行うことが求められる。

生活景観における集団的記憶

　前記のような自分と他者の現実や記憶の多義性と、社会で共有されるべき価値観や歴史との矛盾を乗りこえて、記憶の場所性や、集団社会の枠組みの変化とともに読み直され続ける歴史について説いたのは、モリス・アルヴァックスである。アルヴァックスは、記憶を集合的現象として捉えて、「個人は集団の成員として過去を想起する」という前提で集合的記憶論を展開し、

「人が想い出すのは、自分を一つないし多くの集団の観点に身をおき、そして一つないし多くの集合的思考の流れの中に自分をおき直してみるという条件においてである」と説く[14]。そして記憶とはもはや過去を「保存」「再生」することではなく、現在の集団社会の視点から過去を「再構成」することだと述べる。「過去は実際にはそれ自体として再生するのではないし、過去は保存されるのではなく、現在の基盤のうえで再構成される、ということである」という[14]。そして彼はそのような歴史を「生きている歴史」と呼んだ。それは、自分自身の子どもの時の経験として、また両親や祖父母から世代を通して伝えられた経験として、あるいはさまざまな「痕跡」、すなわち雑誌や書物、絵画や彫刻、建物や街路などを通して想起される歴史である。この生きている歴史は、常に現在の視点から再構成される。アルヴァックスは、記憶を集合主義的・現在主義的に捉えるだけではなく、歴史も記憶と同じように集合主義的・現在主義的に解釈する。そして「空間的枠組の中で展開しないような集合的記憶は存在しない」[14]と述べ、物理学的な空間ではない、集団独自の記憶からもたらされる意味が備わる具体的な場所としての空間という考え方を示す。本研究における共有される記憶や地域の歴史、人々の主観的な経験や意識と空間的変化との関係についての問題は、このアルヴァックスの議論から多くの示唆を得ることができる。

　ここで改めて、復興工事が急がれる傍らで景観の保存に関する意見や被災者の主観的な思いを公にして問題提起を行った、市民たちの語り手としての意識と、メディアとしての新聞の役割や写真の力の意味をより評価すべきだと指摘したい。これらは、偶然の非常事態とそれに続く行政の客観的論理に基づく半ば強制的な復興計画によって地域の歴史的景観が転換する中で、人々がそれに流されずに声を出して、自分たちで地域の記憶や社会的関係や文化を守ろうと協力したことを示している。人々にとっての生活の景観とは、すでにそこにある明確な物理的対象や視覚的情報というよりも、隣人や対抗勢力との対話から生まれてくる、その場所に対する心象や記憶でもあるということが示されている。つまり「失われた景観」の議論とは、人々が身近な生活の場所の変化に対する不安や違和感を共有し、現状を見直して自分たちの独自性を再発見し、その変化に抵抗して自分たちらしく生きる権利を主張して、その場所を再構築することだったのである。

3. 共同の生活景観を保存すること

　被災後の地域のアイデンティティを持続するために、前記のように大きな外からの変化に抵抗する手がかりとしてメディアが景観の議論の場となったことに対して、開発の圧力に対して無言で踏みとどまり、あるいはその方向性を変えようとする地域の人々の活動もあった。さらには被災の景観の存在や他者によるその意味づけを否定する事例もあった。生活景観を保存しようとする次の四つの地域運動には、アルヴァックスが指摘する、集団独自の記憶から派生する意味の備わる場所が集団の存続そのものを支えるという状況を読み取ることができる。

尾崎神社保存問題

　気仙沼市の中心部から南に車で15分ほどの松岩地区では、東日本大震災の時に2,228世帯のうち1,623世帯が全壊し、残った住宅もほとんどすべて被害を受けた。8,712名の住民のうち154人が犠牲になった、気仙沼でも最も被害の大きかった地域の一つである。被災後危険地域に指定されて、7年の間市内各地の嵩上げ工事のための土砂置き場となっていたが、三陸自動車道路の敷設に伴うインターチェンジの工事に伴って運動公園などの開発が行われようとしている。その松岩地区の海岸近くに尾崎神社が鎮座している。地域の小規模な守り神で、5mほどの高さのこんもりした森の中に小さな社殿が建ち、その周辺にはいくつもの石碑が並んでいる（写真2-6）。そこには地域の守り神が現在も人々の命を守ることを象徴する出来事があった。東日本大震災の時、神社の境内には周辺の住民の33人が避難した。そして若い人々を屋根にあげ、老人たちは皆で手をつないで社を囲んだという。それは地域の未来を守るためにとっさに判断したことだったという。大きな津波が押し寄せた時、神社の周囲に生えている木々や竹やぶに守られて何とか全員が助かり、津波が去った後も手持ちのわずかな食料を分け合って生き延びた。当時神社に避難した人の一人は、以前から地震があれば必ず津波が来るの

写真2-6　尾崎神社の佇まい
小さな森に囲まれて海岸沿いに建つ尾崎神社には地域の助け合いの精神が現れている。筆者撮影

で、特に老人や子どもたちなど家に残っている人々はこの神社に避難することになっていたが、今回の津波を生き延びたのは奇跡だったと語った（70代男性）。

　この逸話に感動して、行政の担当者に保護修復の意思を尋ねたところ、復興を急ぐ段階では数多くある宗教施設を保護修復する予算は当面ないので、対応は不可能だという回答であった。その後木造の社殿の劣化を懸念しつつ見守ってきたが、ある時、鳥居が新しく塗装されていることに気づいた。そこで近隣に立つ古谷館八幡神宮の宮司様に尋ねたところ、実は被災以後に各地にバラバラになった人々がしばらくしてから定期的に集まるようになり、鳥居の修復も自分たちで行ったと教えてくれた。かつての別当さんが現在も管理をし、毎年10月第4日曜日の例祭も復活し、助かった人々を中心に60～70人が参列するということだった。専門家が歴史性や造形性を重視して指定する登録文化財のような権威ある歴史遺跡ではなく、質素で小規模な神官もいない神社が、行政の支援も得ずに被災者によって守られるということにはどのような意味があるのだろうか？

　尾崎神社の来歴を調べると、江戸時代にはすでに住民によって古谷館八幡神社の古い材木を利用して建立されており、古谷館八幡神社と、その左手の丘に建つ煙雲館とを合わせて、地域を守る三つの重要な場所として位置づけられていた。高い丘の上に建つ古谷館八幡神宮は、12世紀の鎌倉時代に熊谷直家が奥州攻めの戦功として頼朝から気仙沼を下賜されて築いた要塞であり、煙雲館は江戸初期の17世紀に建てられた伊達家第一筆頭家老鮎貝家の居宅であった。したがって、お祭りの際には古谷館八幡神社を出発して煙雲館をめぐり、最後に尾崎神社に神輿が巡行したという。これらの歴史的施設が地域の空間領域を形づくり、祭りや歴史的な行事など定期的な活動を通してコミュニティが形成され、継承されてきたことがわかる[15]。

　尾崎神社は明治期には古谷館八幡神社に合祀されたが、その運営管理は地元住民の別当さんが行ってきた。その境内には、住民がクジラを仕留めて地域の子どもたちの教育費や神社の運営のために寄進したことを記念する鯨塚や、明治時代から続くいくつかの戦争に出征して亡くなった英霊を祀る石碑が立っており、地域の歴史的な相互扶助のしくみが記録されている。被災時の避難所としての役割はその延長だったのである。復興の流れに乗らず、行政の支援に依存せずに、住民の主体的活動によって森と神社が守られ、コミュニティの実態は変化してもなお、その精神的な拠り所となっている。

気仙沼風待ち復興検討会の活動

　地域の住民が協力して地域全体の歴史の意味を確認し、外部からの支援を

受けて建造物の保存を行うことで、コミュニティの維持・継続に努めている事例が気仙沼の内湾にもう一つある。気仙沼の内湾地区は気仙沼街道の宿場町として長く栄えた。街道沿いには魚問屋街が広がり、被災前には気仙大工による豪壮な木造の商店建築や和洋折衷様式の建築が建ち並んでいた。その景観を残そうと、2007年度には文化庁から「NPOによる文化財建造物の活用モデル事業」の支援を受け、地元建築士らによる「風待ち研究会」の活動が始まって、複数の歴史的建造物が国登録文化財に登録された。だが東日本大震災で、内湾地区の登録文化財群は大被害を受けた。たとえば、男山本店店舗、角星店舗、武山米店店舗、三事堂ささ木店舗、小野健商店土蔵などである。その他にも和洋折衷の商店と住居の混合した千田家住宅や、歴史的な木造の商店建築がのきなみ被災した。さらに地盤沈下復旧や津波対策の面的基盤整備のための嵩上げで、残された登録文化財もその保存が危惧されていた。

　そこで、国登録文化財5棟の所有者、風待ち研究会有志、地区の住民や商業者有志、教育委員会など市役所職員有志、そして外部から応援に入った東京の「マヌ建築事務所」などの専門家等によって、任意団体の「気仙沼風待ち復興検討会」が設立された。そして月1回程度のペースで保存復興の方法についての検討会を開催した。現在、角星店舗、三事堂ささ木店舗、小野健商店土蔵、武山米店店舗の修復と再建が終わり、男山本店、千田家住宅の修復と再建が残る。そしてこれら一群の歴史的建造物を活かした文化的町並みを、復興のまちづくりの手がかりにするための積極的な議論と活動を行っている（写真2-7）。

　この活動の特徴は、あくまでも地域の人々が主体的に地域の文化遺産を守るための組織をつくり、行政に頼らずに、外部の企業や団体と協力し、海外を含む外部資金を積極的に集めて地域の再建活動として行っていることである。そして自分たちの被災した建物を気仙沼全体のさまざまな市民活動に場所として提供し、経済活動に結びつけていることである。それは単純に観光収入をめざしているのではなく、むしろ復興を市民が主

写真2-7　気仙沼風待ち復興検討委員会の保存活動対象となっている歴史的建造物
筆者撮影

導していることを主張し、その自信を取り戻すことを目的にしている。外部に対する説明、市民同士の説明のために、歴史を見直し位置づけし直して景観を再建する行為は、まさに住民自身による発見と物語づくりの活動であり、気仙沼の誇り高い精神性を象徴する地域プロジェクトといえよう。

「防潮堤を勉強する会」

　気仙沼内湾地区では、県による防潮堤建設事業に対して市民たちの問題提起が継続的に行われてきた。2011年の東日本大震災後に示された国土交通省と水産省による気仙沼の被災復興都市計画案は、国の基本方針に従って作成された。つまり防潮堤を被災以前よりも高く建設し、被害の程度に応じて危険区域を定めて居住を制限し、沈下地盤を嵩上げし、道路網を整備することが決められた。そして中心の漁港とその周辺の水産工業地区を特区として重点的に復旧し、周辺の小規模な沿岸漁業用の漁港を集約すること、三陸自動車道の建設を促進し観光業の振興のために内湾周辺の商業施設開発を行うこと、地区ごとに住宅の高所移転を進めると同時に集落を集約することが提案された。これは津波に弱い埋立地を中心に開発を進めてきた問題を解決し、経済的な復興を急ぐためだった。湾ごとに防潮堤をつくって危険区域を縮小するか、防潮堤をつくらないで危険区域を大きく設けることを受け入れるかの議論が各地区でなされた。海を見たいという直接経済的な効果に結びつかない生活景観の価値と、防災計画の論理の対立は、自然災害と共存してきた漁村の歴史的な知恵と科学的に安全性を算出する立場の対立でもあった。

　しかし宮城県は、沿岸地域の反対を押し切っても全域で安全な防潮堤を建設すべきだという基本方針を示した。そして2011年9月には明治三陸大津波の想定水位を基に防潮堤高さを海抜6.2mに設定すると公表したが、それに対して内湾の多くの住民が「景観を損なう」と反発した。実は1933年の昭和三陸津波の後、内湾地区は津波被害がそれほど大きくなかったことを理由に防潮堤を設けず、海の景観と湾岸の町並みや港の風景が美しく溶け合う景観を形成してきた。それが地域のシンボル、観光資源として重要な役割を果たしてきたのだった。しかし今回の津波と火災では、内湾地区は大きな被害を受けていた。そこで10月に住民の有志が防潮堤に頼らないまちづくりを求める嘆願書を県知事に提出し、市民の声を集約しようと「内湾地区復興まちづくり協議会」を2012年6月に設立した。そして8月には国土交通省や水産庁、県や市の防潮堤建設についての指針を積極的に学び、市民の声を計画に反映するために「防潮堤を勉強する会」が組織化された[16]。担当の行政職員や専門家を招聘し、国・県・市の予算執行の条件、計画の法的根拠、

3. 共同の生活景観を保存すること　　77

行政の考え方の根本的ルール、巨大堤防の防災効果の検証、防潮機能の種類、種類ごとの防災効果やメリット・デメリット、堤防と合わせた防災整備内容等々に関する客観的な、そして膨大な資料を市民が市民たち自身で勉強し、その上で地域に適した高さを提案しようとしたのである。そして各地区住民および業界団体への情報発信と適正な話し合いの場を確保して、市民を対象に9月20日までに10回に及ぶ勉強会や意見交換会等を、「賛成反対の議論ではない形」で行った。景観に対する考え方やそれぞれの利益の対立を避けて、互いに問題を共有し、協力して現実的に対応しようとしたのである。

　その動きに対して2012年12月に県は防潮堤を海抜5.2mまで下げる案を提示。そして2013年には村井知事が協議会との意見交換会に出席し、「つくり方を工夫し、少しでも下げる努力をしたい」と表明した。2014年2月には海抜4.1mの防潮堤上部にフラップゲートを設置する案を県が提示し、住民はそれをギリギリの妥協点として了承した。魚町の全域を覆う長さ312mの防潮堤を建設することになり、それに対して市側も、陸側からの見た目の高さを1.8mに減らす方法を提案したのだった。

　ところが、地盤隆起分22cmを防潮堤の高さから差し引く計画が2017年3月に提示されたにもかかわらず、2018年3月には完成済みの区間160mで隆起分を考慮しないまま施工したミスが判明する。それに対して協議会会合で住民がつくり直しを求めたにもかかわらず、村井知事は他の地域の住民の負担も含む税金で工事を行っていることを理由に、そのまま設置を主張。協議会のメンバーや気仙沼市の市長、市議会は「県による工事のミスをあたかも気仙沼市の勝手で修正要求しているかのように語るのは間違っている。長い時間をかけて住民と県が決めた約束事を破ることだ」といってそれに反発した。その対立は法廷にまで持ち込まれ、1年経とうとする現在もまだ解決せずに工事はストップしたままである。

　地域の外部の人間にとっては、内湾の人々がなぜ22cmにこだわり戦っているのかわかりにくいかもしれない。14mの高さに及ぶ防潮堤をつくっている地域もあるので、それは土木工事の誤差の範囲だという声も聞く。しかしそれは防潮堤の高さの議論が、安全の計算だけでなくそこに暮らす人の景観イメージや生活様式、そして地域への思い、また被災の記憶を残す巨大な壁に毎日直面することの精神的な苦痛と深く結びついていることを、十分認識していない意見だと思われる。内湾の人々は前記のように過去に津波を経験しても、高い防潮堤を立てることより逃げ道で各自が避難することを合理的と考えて暮らしてきたのだった。危険を承知の上でリスクを引き受け、自然の厳しい有様を見つめて漁業を行って生きてきた。だからその伝来の

78　　2章　カタストロフの景観を生きる

習慣を否定する行政の決定に対しても、当初は抵抗をし、その後には地域全体で協議して次の世代のために何とか妥協したのである。そのような人々の生活に根ざした空間の感覚やコミュニティの意識、そして妥協の努力を尊重せずに、誤った工事を継続することを頭ごなしに決めるのは、行政としては大きな過ちであろう。住民が納得しないまま工事を進めれば、今後の長い年月を通じて問題であり続けるに違いない。生活景観とは人々がより良い暮らしを送る生存権の一部だということ、そしてそれが行政の論理で時には不合理な形で否定されかねないことを、この事例は明確に示している。

震災遺構の保存と共同の記憶／忘却

　被災の記憶を震災復興の中でどう残すべきかという議論が各地で行われているが、なかなか明確な結論は出ていない。気仙沼にも大きな議論を巻き起こした事例がある。それは鹿折に乗り上げた大型漁船の共徳丸の保存と解体の是非をめぐって起きた議論である（写真2-8）。行政は積極的な意見表明をすることができず、観光のために活用しようという意見と被害の記憶を嘆く人々の対立、そして実際にその遺構を保存する経費や責任の問題を抱えた船主の、それぞれの意見が交わされた。それは物理的な遺構が本当に被害の記憶を未来へ伝える媒体として必要かどうかという問題にも関連している。

　記憶の方法と物理的な物や環境との関連について、フランシス・イエーツは古代ギリシャの記憶術を挙げて、それが場所や物とイメージの結びつけによることを説明している。しかしその西洋の文化的伝統に立った記憶概念の

写真2-8　気仙沼鹿折地区に乗り上げた共徳丸
　　　　地上に上がると余計巨大に見える漁船の共徳丸は震災遺構の代表的存在として、地区の多くの被害者を悼む墓標のようになり、訪れる人が絶えなかった。筆者撮影

説明に対して、建築史家エイドリアン・フォーティは『忘却と芸術』という本で疑問を呈している[17]。フォーティは、エミール・デュルケムが「共同の記憶」という概念を唱えてから個人と社会の記憶を混乱する傾向があるが、その議論をする前になぜ社会が忘れるかという問題について考えることが必要だと説く。そして西洋の物や場所に関係づけた記憶概念の伝統は、アリストテレスによる「記憶とは我々の内部に刻まれた、感じられた物の軌跡だ」という議論に従っていると説く。そして、それに対してアロイス・リーグルがモニュメントの質の価値は「年月の価値」、つまり時の過ぎたことを思い起こさせる感情的想起力にあるのであって、そこに含まれる歴史的知識ではないと指摘していることを挙げる。そして西洋的な記憶概念を再考すべき次の三つの理由を挙げる。①アジアには刹那的なモニュメントが存在している。それは、物は劣化して元来のメッセージを失うことがあるからである。②フロイトは記憶が失われるのは時間のせいだけでなく、「忘却はしばしば意図的で望まれている」と述べている。③ホロコーストの例のように、悲劇の場合は一般的な物と記憶の類似性の議論は当てはまらない、と。そして、

> 「耐えられない記憶への自然な反応は忘れることである。それがほとんどの生存者の対応である。忘却は悲劇の再現の危険があるが、問題はその恐怖を損することなくその悲劇を覚えているか、それを浄化してしまわずに覚えているかである。ある意味で生存者しかそれを覚えていられない。避けられない忘却に抵抗してその記憶を保存することは重要だが、それを形にすることは非生産的だ」「忘却が問題となったのは20世紀からであり、覚えていることと忘れることの間の政治的な意図による分断、排除、そして破壊があった。記憶することは忘却することでのみ可能になる」

と述べる。さらに、アルド・ロッシは都市の構造が共同の記憶をとどめると考えたが、それは建築が建ち続けるという前提に立っている点に限界があると指摘する。そして物理的な物の存在に頼らない共同の記憶のあり方を考えることと、忘却に抵抗して記憶しようとする姿勢こそが重要だと主張する。

このフォーティの議論は、まさに東日本大震災の被災地各地で起きた震災遺構の保存問題の際に、観光や教育の目的を唱える人々に対して被災者が遺構があり続けることを否定していることの妥当性を説明する。被災者はそれがなくとも悲劇を忘れないのであり、むしろ物理的な存在の劣化や消費財化によって記憶が侵されることを拒絶するのである。そして被災者が生きていくためには、その悲劇を普段は忘れていることが必要なのである。被災者以外の人々にも被災の記憶を伝えるには、前記の尾崎神社の例のように、まず

は被災者自身が語り合う手がかりがあって、そこから自ずと伝えられる必要があろう。その意味で、被災者自身の記憶による物語づくりが、物理的な空間や建築の保存と並行して行われるべきだと思う。

4. 住み移りと生活の原風景

東日本大震災で最も多くの人が経験した生活環境の変化は、住まいの移動だった。各地で膨大な数の住居が破壊され、多くの被災者が避難所から仮設住宅、そして復興公営住宅や防災集団移転の住宅地へ移動せざるを得なかった。その移動も住環境の変化も、被災者が生存のために避けられないものだった。そしてそれに伴う居住習慣の変化や地域の記憶の喪失、コミュニティの喪失は多くの孤独死を招き、現在に至る社会問題となっている。そこで本節では、住み移りの過程で人々はいつどのように生活景観の問題を意識し、それをどう乗りこえるのか？　バシュラールが説いたような、家のさりげない日常空間や場所に宿る原風景のイメージは、被災した人々にとりどのような意味があるのかを、住み移りの段階を追いつつ考察する。

気仙沼市での住み移り状況

住み移りとは、被災者が避難所から仮設住宅、そして自立再建や災害公営住宅に移動していくことである。気仙沼市では震災後の避難所設営から仮設住宅設置、災害公営住宅の建設、防災集団移転住宅開発の一連の事業は、次のように進展した。当初の被災家屋は 26,124 戸、被災世帯数は 9,500 戸で、被災者 20,086 人に対して避難所が 105 箇所設営された。その後被災した人々に対して、最も多い 2012 年には 8,288 人分の仮設住宅が供給された。2015年には 5,336 人に減少したが、残った住民の 35%以上は高齢者だった。住宅再建先として、防災集団移転住宅地の開発が 2015 年度末は 45 箇所で 895 区画の引渡し（98%）がなされ、災害公営住宅は 2013 年 6 月から入居希望者の仮申込みが行われて、2016 年度末には 27 地区 1,986 戸（92.8%）が完成した。そして仮設住宅は本格的生活再建、学校施設早期解放のために 2019 年に集約されることになった。

表2-1 インタビューをさせていただいた仮設住宅、災害公営の集合住宅、戸建て住宅の地区と人数

	仮設住宅		災害復興公営住宅		災害復興公営戸建て住宅		防災集団移転団地	
気仙沼	駒場仮設住宅	6	南郷公営住宅	6	上鮪立	1	陸前高田	1
	新月仮設住宅	1	陸前高田公営住宅	2	台の下	2	小々汐	1
	千厩仮設住宅	1	鹿折公営住宅	2	面瀬	2		
	住田仮設住宅	6	古町公営住宅	1				
合計		14		11		5		2

著者は2011年から2018年にかけて気仙沼市内の仮設住宅地13箇所と災害公営住宅地7箇所を訪問調査した。訪問したすべての場所でお話をうかがえたわけではないが、仮設住宅から災害公営住宅や自立再建の住宅へと移動した方々、再建途中の方々、仮設住宅にとどまって移動のタイミングを待っている方々の計32名にお話をうかがった（表2-1）。多くの方が「被災直後は家族を失い全財産を失う異常な状況におかれて、住まいのことを考える余裕はほとんどなく数ヶ月を過ごした。その後、親子や親類、兄弟などを頼って移動したが、親類の家でも長期に滞在するのは先方の負担が憚られて、何箇所かの親類宅、あるいは避難所を移動して、仮設住宅に落ち着くまでにさらに数ヶ月がかかった」と、移動そのものの精神的苦痛があったことを話して下さった。木村玲央の調査によれば、東日本大震災の後に被災者は実に平均で3箇所以上の住まいを移転した。そこで、被災から仮設住宅への移動の段階で感じた問題と、仮設住宅から災害公営住宅や防災集団移転住宅への移動で感じた問題とに分け、また住宅自身の問題とコミュニティの問題とに分けて、移動による生活景観の変化がどうその心理に影響を与えたかを考察する[18]。

仮設住宅への住み移り

　気仙沼では、計93団地、3,504戸の仮設住宅が整備された。災害救助法で均一に建設される仮設住宅団地ではあるが、規模によって公共空間の設置やコミュニティ活動の状況に違いがあり、取得用地の形状や大きさ、住棟配置、供給メーカーによる材料と性能の違いなども、被災者の生活に大きな影響を与えた。そこで挙げられた問題は次のようだった[19]。①標準仕様で画一的に供給したため、地域の気候風土や個々の居住者のニーズ、およびコミュニティへの配慮が十分でないことが明らかになった。②多くの事例が長屋形式で、隔壁の厚みの不足や鉄骨の構造材で伝わる隣家の騒音の問題と、プライバシーの損失が心理的な苦痛だった。③部屋の狭さによる圧迫感が苦痛であること、家族が訪れてきても宿泊できないことが問題だった。このように、仮設住宅への移動の当初は、まずは建築的な住み心地の問題が重要だったことがわかる。

住宅の間取り型式の記憶と周辺環境

　そこでこれらの仮設住宅への移動の違和感の原因として、被災者の方々の被災前の住居形式との違いについて調査した。その結果、その被災前住宅の多くが歴史的な漁村地域の住形式を基礎とした間取りだったことがわかった。その歴史的間取りとは、1933年の昭和三陸津波の際に同潤会や今和次郎、高山英華らによって行われた東北地方農山漁村住宅改善調査で報告

されたものであり、二つの間取りタイプ（広間型と通り庭型）が挙げられる（図2-1、2-2）[20]。これらの間取りの特徴は、玄関での接客が重要であること、そして玄関から続くホール、茶の間へと段階的に公共空間から私的空間へと移行する動線が、地域の人々との人間関係や振る舞い方を反映していることだった（図2-3、2-4）。しかし面積が切り詰められた仮設住宅では、かろうじて風除室がその社交空間としての玄関の機能を担うだけで、公共空間が直接私的空間に接しているために、従来の段階的なニュアンスのある人間関係が空間的に営めず、生活に大きく影響していた。

また被災前の戸建住宅では住居間の距離が十分とれたのに対して、土地に不足する仮設住宅では住棟間隔が少なく、心理的問題も多く発生していた。たとえば、家族が大規模で二つのユニットに居住していた人（50代女性）は、隣人の生活の変化を互いに監視するような状況で、「知らないうちに中庭に置いた植栽や漬物に殺虫剤をかけられるなど、心理的な葛藤が絶えなかった」と語った。また周辺の住居との距離が少ないため、窓から見える景観が心理的圧迫

図2-1 東北地方農山漁村住宅改善調査で報告された歴史的な漁村地域の間取りの代表例、広間型間取り
出典：日本学術振興会第20小委員会（1941）『東北地方農山漁村住宅改善調査報告書III』p.63より

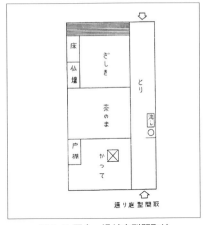

図2-2 同上、通り庭型間取り
出典：同上

感を与えることが挙げられた。たとえば家族を亡くし独り住まいをしている人（40代女性）は「窓から外を見ると隣の家の壁がすぐ前に迫っていて空が小さく、牢獄の中に閉じ込められているようで、寂しさや悲しさを余計辛く感じる」と述べた。さらに敷地全体に余裕がないために、人が気軽に立ちどまって日常的なコミュニケーションを行う場所が不足していた。そしてその

4. 住み移りと生活の原風景

立地条件も、従来住宅が建っていない場所を充てた場合が多く、そもそも生活の便が悪い場所であることや、仮設住宅地が閉じた感じでつくられているだけでなく、周辺の人々との間に公的な生活支援の差があるために、人間関係が生まれにくいことが挙げられた。

　このような問題を考えると、たとえ一時的な住まいであろうとも、仮設住宅の間取りは、できれば地域的な間取りを参考にして、被災者が従来備えている暮らし方の習慣（近所付合いや食事、家族関係、プライバシーの感覚など）を尊重したものにすることが望ましい。また住棟単体だけではなく、その配置や敷地計画も互いの視線や距離関係など、公共空間から私的空間への中間領域を介した段階的移行と、周辺の自然環境との関係性も考慮した計画をすること、さらには近隣社会との融和が図られるような開かれた場所に建設することが望まれる。緊急の建設で用地が限られているので限界はあるが、生活空間への配慮で被災者の心理的安定は大きく向上すると思われる。

戸建て災害公営住宅への住み移り：気仙沼らしさ

　気仙沼市では、早くから被災者の住居再建の支援活動が続けられ、2011 年度のうちに将来の住まいのあり方に対する意向調査アンケートが行われ、2012 年度には希望する住居地の選択が行われた。そして災害公営住宅の整備についても、その指針と住居モデルの説明が行われて、住民の意志に沿った住み移りが可能になるように図られた。特に 2012 年 8 月 1 日から毎月 2 回発行される『けせんぬま復興ニュース』には、市が「気仙沼らしさ」を重視しつつ災害公営住宅を建設したことが表されている。たとえば 11 月 15 日に発行された第 8 号では、

　　　「周辺住民や入居を予定する方などの意見を取り入れながら、海や山などの
　　　自然と調和して風通しがよく、地域のコミュニティを大切にした "気仙沼ら
　　　しい" 災害公営住宅の創出を工夫します。また、地域づくりと連動した公共
　　　的施設や商業施設の整備を始め、集会機能等を兼ねた避難施設の設置や眺望
　　　にも配慮した公営住宅の配置を検討します」

と説明された。さらに、宮城県災害公営住宅整備指針を参考にした部屋数と広さについての型別供給計画と選択基準が示され、標準プランと基本コンセプトが説明された。55、65、80 ㎡の 3 タイプの標準プランは、「気仙沼らしさを実現する基本コンセプト "つなぐ家"」として①自然をつなぐ（冬を快適に過ごすための家づくり）、②人をつなぐ（安心して暮らせる住まいづくり）、③ものをつなぐ（ゆとりのある住まいづくり）であることが説明された。その

図 2-3 被災者への聞き取りで明らかになった被災前の住居が歴史的な広間型間取りを継承している事例

玄関から縁側、台所に至る連続した空間を、住人は場合に応じて客を招き入れて活動する。
筆者による K 仮設住宅での調査（2014）より

図 2-4 被災前の住居が歴史的な通り庭型間取りを継承している事例

縁側は庭での作業に容易なように大きく開き、玄関から台所に至るまでの公共空間から
私的空間へと自然に移行する。筆者による K 仮設住宅での調査（2014）より

4. 住み移りと生活の原風景　　85

設計図には「気仙沼らしさ」の表現として、縁側のような板床部分を設けていることがわかる（図2-5）。しかし、この設計は歴史的な住まいでの生活との関連性が弱いように見える。なぜなら、窓の内側の縁側状の空間は社会との関係のための空間というよりはむしろ、物干しの場として準備されているように見える。住まいの「気仙沼らしさ」とは、交わされる挨拶や振る舞いとさまざまな人間関係、すなわち歴史的習慣と空間が融合して形成されたものであることを再認識する必要がある。

　集合住宅地の全体計画も、その被災前の景観との関係が重要なことが観察された。多くの場合、丘陵地を開発して道路や公園なども新たに計画しているので、被災前の住まいから日常的に見ることのできた海からは遠く、きわめて幾何学的に道路や敷地が整備されている。その結果、整備された公園を用いる人影はほとんどなく、ランドマークになる樹木や植込みは管理の負担を避けるために配置されず、しばしば地表はコンクリートか砂利で覆われている。そのような場所では、各住居のプランターに植えた花や野菜が人心地を与える重要な要素となっている。たとえばK半島の災害公営住宅と自主再建した防災集合移転住宅が併設されている事例では、被災条件がそれぞれ異なっているために住居の状況は異なっているが、元の同じ集落から移動してきたのでコミュニティが維持できており、フェンスや仕切りが少ないことも効果を発揮して、住民同士は頻繁に立ち話を行い、庭の花などを分け合ったり互いの健康状態を気遣う関係が存在した。そして「やはり海が見たくて、丘の上に伸びた林の木を皆でいって市に切ってもらい、日に一度はそこに登って眺めることができるので本当に良かった。あなたもきれいな海だから見ていけば」と話した（60代女性）。日常的な近隣関係が行われる場と、遠く海を見る場が「気仙沼らしさ」を感じる上で住民には重要なのである。

災害公営集合住宅の住み移り：住習慣と景観の記憶

　被災後の環境変化による居住習慣の転換が最も顕著なのが、高層の災害公営住宅である。訪問した事例はすべて鉄筋コンクリートの3階建て以上で、日照の確保とプライバシーの保護といった戦後日本の集合住宅計画の原則に沿って、片廊下形式で建設されていた。遮音や断熱など物理的な環境は都市部の集合住宅と類似した質の高いものであり、その点について住民は満足していた。しかし鉄筋コンクリートの大規模な全体の様子とその均質な外見になかなかなじめないという意見が聞かれた（70代男性）。また、コンクリートの界壁とスチール製の玄関ドアによる高いプライバシーは、かえって入居者の孤立を促進していた。「開けておけるように引き戸にしてほしい」「隣に誰が住んでいるのかわからない」「廊下であっても挨拶はしない」「廊下で誰

とも会わないし、皆外に出てこない」といった隣人との付合いへの不安、不満が多かった。それはコミュニティのスケールが大きすぎる問題とも関係している。住人の一人は「これまでは生まれた時からの近所付合いがありお互いを良く知っていたが、災害公営住宅に越してからは近所付合いは減った」と述べた（70代女性）。

この私的空間と公共空間の関係を改善する

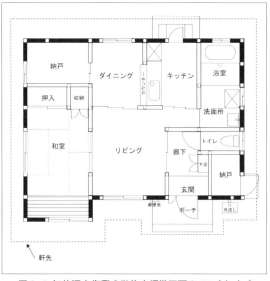

図2-5 気仙沼市復興公営住宅標準平面の55㎡タイプ
『けせんぬま復興ニュース』8号より

には、たとえば住居内部から廊下に至る玄関周辺の中間領域、そしてそこから中庭や集会所といった公共空間への移行に、歴史的な住まいが備えていた漸進的な空間装置を用意することが必要だと思われる。また住棟の入口の溜まり場も、あまりに開放的でガラス張りの場合はほとんど用いられていなかった（S団地）。それは住民が周辺からの視線にさらされる場所で立ち話を行うことに慣れていないためだった。また大規模な集合住宅の場合は、住人が安心できる自分の領域づくりが容易になるように空間を細分化することが有効であると思われた。そのような細かな空間の例として、郵便箱の周りや玄関の掲示板の周辺（S団地、K団地）、また廊下や各住居の玄関の周辺の植木鉢や手芸品が置かれている場所が挙げられる。住人に聞くと、廊下の角の部分や入口前の小さなスペースでは、回覧板を持ってくる人と立ち話をすると語った（N団地）。

大規模集合住宅の場合、接地性に欠けることも住民にとってストレスになっていた。たとえばTさん（女性60代）は、震災前の戸建て住宅では季節のお花の手入れや庭いじり、店舗前を往来する人たちとのコミュニケーションなど地面と近いところで生活してきたが、災害公営住宅ではプランターで野菜を少し栽培する程度になったという。高層の集合住宅の場合は、中庭に面してベランダに植栽を植える人の数そのものが少ない。地域づくり

4. 住み移りと生活の原風景

のNPOの方（30代女性、S団地）は、それは住人が集合住宅に住み慣れていないので植栽や洗濯物が他の人から見えるのを気にするからだと説明してくれた。人々と被災前の思い出話をすると、しばしば近隣の郵便局や商店、小学校や神社など、日常の人々が集う場所の景観の話が出てくる。災害公営住宅でも、地域の交流と共同の生活機能をうまく組み合わせ、視線によるプライバシー侵害の防止や自然環境を楽しむ機会を考慮してベランダ空間や中間領域、共用空間を形成することや、使いやすい管理の方法を工夫することが望まれる。このような集合公営住宅のインタビューで特に印象的だったのは、陸前高田で調査を行った際に出会ったＩさん（60代夫婦と息子）の事例である。

> 「災害公営住宅に引っ越してからは、ベランダから遠くの海岸線と復興工事の様子を眺めるのがわずかな楽しみだが、外に出かけるのが億劫で、防潮堤工事で海岸が見られなくなるのが心配だ。松林ではよく散歩をしたものだった。復興工事が1日も早く終わり、津波で流された懐かしい松林が見えるようになるまで自分も頑張りたい」

と話した（写真2-9）。松林は現在の計画では防潮堤の陰になって見えるようになる可能性はなく、それが戻るまでには数十年の年月が予測される。しかしＩさんにとっては懐かしい日常の一コマの記憶の景観が目に焼きついていて、それが心の支えになっていた[21]。

自分で生活景観をつくる

ここまで見たように、人々の被災後の住み移りは、生活基盤を失い、新たに家族や職場環境を再建する過程であり、日常やコミュニティを取り戻し場所づくりする時間であった。不安を抱えたまま災害公営住宅に落ち着いても、ほとんどの居住者に集合住宅での生活体験がなく、違和感や孤立感で周辺の眺望や環境にもなじめずにいた。本調査で明らかになったことは、人々が古い家での暮らし方や近所付合いなどの生活習慣を未だに維持しており、移動の過程では無意識だったそれを徐々に思

写真2-9 陸前高田の災害公営住宅のＩさんの部屋から
手前の椅子に座り、ベランダから復興工事の様子を眺めるのが日課になっている。筆者撮影

い返して、部分的にも再現しようとすること。そしてある程度落ち着くと、松林や海、町並みなどの日常的な景観を求めて孤独を癒そうとすることだった。それらの原風景というべきイメージが人々の心を支え、被災後の新たな生活環境に定着する上で役立っていた。

　しかし人々は被災前の人間関係や思い出にとどまり続けてはいなかった。避難所や仮設住宅で新たに人間関係を構築し、与えられる住宅や地域空間に不満があれば、自分で植栽を植えて生活環境を更新した（50代女性）。そのような主体的な努力に対して、行政はどこまで支援できているのだろうか？たとえば、仮設住宅は基本的に短期の貸し家としての運営がされているために付け鴨居などを除いて造作を禁じている。また災害公営住宅も、玄関の周辺やベランダにプランターを配置することは消防法上禁止され、戸建ての公営住宅では敷地の地面に穴を開けることが禁止されている。しかし住民が玄関を装飾し、庭や家の周囲の空地に野菜や花を植える様子は、自分の領域やコミュニティをつくる基本的な行為である（写真2-10）。それがさらに大きなコミュニティ活動につながる例もある。K半島の災害公営住宅では、住民で協力して海を見る展望台を設けることを行政に要請しただけでなく、バス停や集会場を建設するように運動していた。また他の地区では、敷地の端の誰のものでもない場所に住民が自主的に花畑をつくり、仏壇に供える花を地区の人々が自由に入手できるようにしていた。

　行政の公共住宅の管理手法を自分たちで修正する主体的な行為は、人々がその場所を自分のものと認識し、持続可能な形で新たな居どころづくりを実現する手がかりとなっている。それはハイデッガーのいう「人が住む・居場所を定める」行為であり、規則に受身に従って生きるのではなく、自分らしく生きようとする主張だといえよう[22]。またエドワード・レルフは『場所の現象学』の中でシモーヌ・ヴェイユの言葉を引用し、場所への根づく感覚や愛着を構成するのは詳しい知識ではなく、その場所に対する深い配慮と関わりの感覚だと説く[23]。そしてヴェイユは、それが人間の魂の欲求であり、人々

写真2-10　気仙沼のO災害公営住宅団地で見た家庭菜園の例
庭を耕して畑をつくり、積極的に住みこなしている例。筆者撮影

4. 住み移りと生活の原風景　　89

が共同社会の生活に対して実際的、積極的、自然に参加することでもたらされると述べている[24]。つまりこのような災害公営住宅で、人々が主体的に住環境を改変していこうとする行為は、その生きる意欲と権利の主張だといえよう。非常時には平等性や管理の確実さよりも、人々のこの意欲を守って前に進めていくことが、今後の日本の災害公営住宅のあるべき方向ではないだろうか。そしてまた、被災の状況から自立への過程を、仮設住宅や災害公営住宅の恒久住宅化などの手段により、人々の精神的安定を地域全体で支える方法も考えるべきではないだろうか。

5. カタストロフの景観を生きるということ

　被災後の厳しい状況を生き抜く人々の地域の生活文化やその記憶の喪失についての意識は、「生きた証」を守ろうとする欲求からふるさとのイメージの喪失への危機感へ、そして過去の地域の歴史資料や写真による震災前の記憶の保存や「場所の記憶」を守ろうとする意志へ、さらに思い出をこれからの力にしていこうとする動きへと、ダイナミックに変化する様子を見た。震災でもたらされた破壊だけでなく、復興による急激な変化に対する危機感を背景に、人々は生活の景観について発言し連携して、共通の地域への意識を創出していったのである。

　一方で、失われたコミュニティによる神社の保存、行政の論理に対して地域の意志を守ろうとする抵抗運動、自分たちの地域への誇りを守る主体的な町並み再建事業、そして経済論理に抵抗して震災遺構を除去した事例は、外的な開発の論理が時に理不尽に変化し強引に状況を動かす中で、共同で生活の記憶を守ることがいかに重要な抵抗手段になっているかを示す。また、住み移りという過酷な経験の中で人々がいかにして個々の住まい空間への違和感から、ふるさとの家と周辺の地域空間の間に成立していたコミュニティのしくみの見直しへ、そして孤立や共有空間の問題を自ら意識して、あるいは昔の日常的な海の景観を取り戻すことで、自分らしい暮らしを立て直そうとするかを見た。

　このように被災と復興の不安定な状況で、景観や生活空間や地域空間に対する人々の心理や身体的感覚は、否応なく相互的にそして縦横に振幅しつつ変わっていったのである。そして歴史文化的価値や防災の論理、インフラ開発による地域振興の経済論理、それを進める行政の管理という、一見客観的で必然的な論理に対して、人々は単に受動的に救済されるべき存在としてでなく能動的に自分たち独自の論理を見出そうとすることがわかる。つまり、

90　　2章　カタストロフの景観を生きる

自分たちの地域の暮らしの記憶をふるさととなるものとして再構成し、声に出して要求し、互いに助け合って自分らしく生きる権利を主張して、新たな生活の景観をつくり出しているのだ。かつて1923年の関東大震災後の被災者の暮らしと都市の変容を、人々の視点から記述した考現学という研究があった。そこに描かれた細部にわたる生きた景観と日々の変化を辿る時間感覚は、気づきにくい社会の問題と人々の心や身体の関係、そしてそこから見えてくる復興の方向を浮かびあがらせた。カタストロフの景観を生き抜く人々は、その地域の運命を切り開くために真に必要な、破壊された地域とコミュニティの未来へのしなやかな信念と独自の方法を体現している。それこそがニール・アドガーが説くところの、予測をこえた災害や危機を人間が生きのびてきた社会の復元力（ソーシャル・レジリアンス）の源といえるのではないだろうか。その思いと行動から我々はもっと真摯に学ぶべきだと思う[25]。

謝辞

2011年から2013年の調査は青山学院大学総合研究所の研究助成を、2014年から2018年の調査と活動は青山学院大学総合文化政策学部ACL研究所の助成をいただいた。また2015年と2017・18年の調査は一般財団法人住環境財団の助成をいただき篠原聡子、宮原真美子、山口沙由とともに行い、特に篠原から多くの示唆を得た。これらの調査での各方面の方々による協力と研究助成に対して心から感謝するとともに、その他にも多くの方々から支援を得たことをここに記して感謝する。

註・参考文献

1）国土交通省（2011）「歴史・文化資産を生かした復興まちづくりに関する基本的考え方」報告書。
2）日本建築学会編（景観小委員会主査：後藤春彦）（2009）『生活景―身近な景観価値の発見とまちづくり』学芸出版社。日本建築学会編（景観小委員会主査：小林敬一）（2013）『景観再考―景観からのゆたかな人間環境づくり宣言』鹿島出版会。
3）Anthony Giddens（1990）、松尾精文・小幡正敏訳（1993）『近代とはいかなる時代か？―モダニティの帰結』而立書房。Anthony Giddens（1991）、秋吉美都他訳（2005）『モダニティと自己アイデンティティ』ハーベスト社。
4）Eric John Ernest Hobsbawm（1983）、前川啓治他訳（1992）『創られた伝統』紀伊國屋書店。
5）Clifford Geertz（1988）、森泉弘次訳（1996）『文化の読み方・書き方』岩波書店。
6）Edward William Soja（1989）、加藤政洋他訳（2003）『ポストモダン地理学―批判的社会理論における空間の位相』青土社。

7）James Mahoney, Kathleen Thelen, (2009)) Explaining Institutional Change: Ambiguity, Agency, and Power, Cambridge University Press.

8）川島秀一（2012）『津波のまちに生きて』冨山房インターナショナル。

9）地井昭夫（2012）『漁師はなぜ、海を向いて住むのか？』工作舎。

10）三陸新報と河北新報の 2011 年から 2016 年までの記事を阿部小雪氏の協力を得て調査。黒石いずみ（2015）『東北の震災復興と今和次郎：ものづくり・くらしづくりの知恵』平凡社。

11）Gaston Bachelard（1957）、岩村行雄訳（2002）『空間の詩学』ちくま学芸文庫。

12）奥野健夫（1972）『文学における原風景―原っぱ・洞窟の幻想』集英社。

13）Susan Sontag（1977）、近藤耕人訳（2004）『写真論』晶文社。
　　Susan Sontag（2003）、北條文緒訳（2003）『他者の苦痛へのまなざし』みすず書房。

14）Maurice Halbwachs（1992）、鈴木智之訳（2018）『記憶の社会的枠組み』青弓社。
　　金瑛「アルヴァックスの集合的記憶論における過去の実在性」（2010）ソシオロゴス No34。

15）古谷館八幡神宮でのヒアリングに基づく（2015 年 5 月）。

16）「防潮堤を勉強する会」HP https://seawall.info。阿部俊彦（2017）「気仙沼市内湾地区における防潮堤の計画とデザインの合意形成プロセス」土木学会論文集 D1。

17）Adrian Forty and Susanne Kuchler（2001）The Art of Forgetting（Materializing Culture）, Berg Pub Ltd.

18）Izumi Kuroishi（2018）, "Sense of dwelling in disaster relocation: temporary and public recovery housings after the 2011 earthquake in Japan," IPHS Yokohama, pp.57-66。
　　黒石いずみ・篠原聡子・宮原真美子共著（2017）「生き延びるための家」リキシル研究報告書（研究代表：黒石）。

19）仮設住宅の問題については気仙沼復興協議会でのヒアリングに多くの示唆を得た（2015 年 9 月）。気仙沼市は避難所から仮設住宅への移動に際して、元の居住地単位よりも被災者の年齢や身体的状態を重視して、まずは安全確保優先の判断を行った。そのために仮設住宅への移動の際にコミュニティ形成が困難だったと指摘されている。しかしこのような究極の状況では致し方なかったと思われる。

20）日本学術振興会（1941）『東北地方農山漁村住宅改善調査委員会報告書』第 3 巻、同潤会により行われ今和次郎、竹内芳太郎、高山英華が参加した。

21）本論考の最初に挙げた既往研究の中で福田は「特定の時間的・空間的文脈の中で位置付けられた出来事記憶、エピソード記憶」が、被災した人々の心の支えになっていることを論じている。

22）Martin Heidegger（1927）、細谷貞雄訳（1994）『存在と時間』上下、ちくま学芸文庫。

23）Edward Relph（1976）、高野岳彦他訳（1999）『場所の現象学』ちくま学芸文庫。

24）Simone Weil（1943）、富沢真弓訳（2010）『根を持つこと』上下、岩波文庫。

25）W.N.Adgar（2000）"Social and ecological resilience: are they related?" Progress in human geography 24（3）. 2000

3章
銀座を語る「場」と語られる銀座のイメージ形成史

宮下貴裕

1. モダン都市文化の中心地・銀座におけるまちづくり主体

(1) 地元の人々によって展開されてきたまちづくりの歴史

　銀座は日本の「近代化」をそのまま体現している街といえる。その中でも街の顔である銀座通り（国道15号・中央通り）は、明治維新から間もない明治6年の銀座煉瓦街建設に始まり、大正から昭和初期にかけて花開いたカフェー文化やモガ・モボといった流行現象、そして戦災からの力強い復興と戦後のさらなる繁栄などを通して、日本を代表するモダンな商店街というイメージを形成してきた（写真3-1）。

　このような街の発展において大きな役割を果たしてきたのが大正8（1919）年に設立された商店街組織・銀座通連合会（当初の名称は京新聯合会）である。銀座通連合会は日本で最初の商店街組織ともいわれており、昭和25年から

写真3-1　現在の銀座通りと銀座4丁目交差点　平成30年8月。筆者撮影

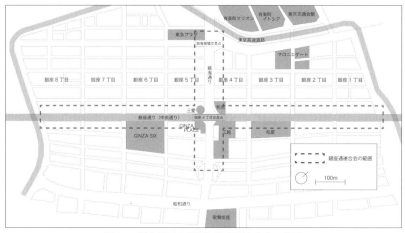

図3-1 銀座地区の現況と銀座通連合会の範囲

は銀座通りと直交する晴海通り沿道の商店も加盟するようになって現在に至っている。組織の設立については、東京市が銀座通りのヤナギを別の樹種に植え替えることを検討していたことに抵抗することが動機となったとされ[1]、それ以降銀座の地元商店主らは沿道の建築物や道路空間に対して強い関心を持ち続けてきた。銀座1〜8丁目の各町から選出される理事には歴史的に銀座を代表する商店や企業の経営者たちが名を連ね、豊富な資金力と強い発言力を背景に、独自の構想立案や行政当局への働きかけなどを通して自らの求める空間像の実現に向けた運動を展開してきた。銀座通連合会という組織は歴史的に地元の人々が銀座という街を語る「場」として存在し、街のあり方を議論するプラットフォームとしての役割を果たしてきたのである。

(2) 記録される人々の問題意識と求める銀座の空間像

現在、銀座通連合会の事務所には戦前期から蓄積されたさまざまな内部資料が保管されている (写真3-2)。まず昭和11年から現在までに200冊近く作成されている新聞記事スクラップブック。ここには銀座通連合会の活動を報じた記事が多数収集されており、戦前から戦後にかけての運動の流れが把握できる。無論彼らに関するすべての記事が収められているわけではないものの、地元の人々がそれぞれの時代で関心を示していた事柄を理解できる重要な歴史的資料といえる。そして戦後における運動の内容が把握できるものとしては、年に一度開催される定時総会の資料や、月に一度開催される常務理事会の議事録などがあり、議題とされたテーマや決議内容などが記録されている。

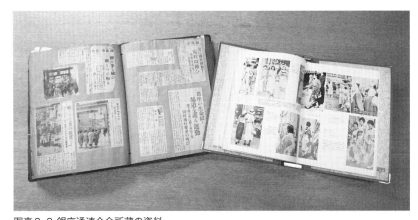

写真3-2 銀座通連合会所蔵の資料
1936年に作成された新聞記事スクラップブック(左)と1964年に発行された会員向けの会報(右)

　常務理事会は会長・副会長と複数の常務理事によって構成される銀座通連合会の意思決定機関で、ここで取り組むべき運動の方針が決議された。行政当局に対する陳情書等もそれに基づいて作成されている。そしてそれぞれの陳情書・要望書においては当時の銀座の街に対する意識が示され、銀座通連合会の姿勢や行政当局に対する問題提起が記されていた。さらに会員向けに発行されていた『銀座通連合会会報』には、それぞれの時代で彼らが取り組んでいた運動の報告や会員の意識向上のための啓発文なども掲載されていた。よってこれらの資料を合わせて分析することで、組織の内部における議論から運動方針の決定、行政当局等に対する働きかけまでの一連のプロセスを明らかにすることができる。

　銀座通連合会がまちづくりに取り組んだ銀座通りは国道であるため、彼らの意志だけで空間デザインを実現できるわけではない。よって現在に至るまで彼らが自らの手で生み出した都市空間はそれほど多いとはいえない。しかしここで注目すべきは、銀座通連合会という組織の中で展開された議論や行政当局とのコミュニケーションを銀座通りの空間デザインに還元させようという姿勢が示され、それが継承されてきたということである。地元の人々の街に対する思いや行動などは形に残りにくいもので、そのような懸命な努力も、時間が経ち地元商店主らの代替わりが進むにつれて忘れ去られ、歴史の中に埋もれていってしまうことが多い。しかし銀座ではまちづくりの主体となる組織が100年にわたって存在し、そこで繰り広げられた議論や行動が記録され、後世に伝えられているのである。

2. 建築的観点から紡がれる銀座の都市形成史

(1) 「開発史」を通して語られる銀座のイメージ

豊富に蓄積された銀座の歴史に関する知見

これまで、銀座という街の都市形成プロセスを把握するにあたっては、明治以降繰り広げられてきた西洋式建築と近代的な都市空間の設計手法による開発の歴史に注目されることが多かった。特に街の顔である銀座通りでは煉瓦街の建設から現在に至るまで絶えず活発な開発が展開されており、空間という目に見えるものの蓄積を通して紡がれた歴史的文脈は、常に時代の最先端を歩むことを志向するこの街の性格を現代の我々に伝えてくれる。

現在までに、銀座の街は三度にわたって沿道の建物を焼き尽くすような大きな災害や戦災に見舞われ、それらが街の形成における大きな転機となっている。そして何度も焦土と化し空間のコンテクストの断絶を経験しながらも、そのたびに力強く復興を果たし、近代的な建築や都市空間が次々と生み出されてきた。建築史や都市史といった分野において取り組まれたさまざまな歴史研究では、各時代における銀座通りの空間像がそれぞれの建築の集合として描かれており、開発者による建築行為の蓄積と変遷から紡がれた地域形成史として捉えられている。そこでまず開発という観点から見出された既往の知見より、銀座通りの歴史を概観してみたい。

第一の転機：銀座煉瓦街の建設

近代銀座の出発点は煉瓦街の建設であった。江戸時代までは魚河岸を有する日本橋が商業の中心としての役割を担っており、それに比べて小商人や職人が住む銀座は明治を迎えた段階で商業地として遅れをとっていた[2]。繁華街の形成史という観点から銀座の建築や都市機能の変遷を明らかにした初田亨は、明治6年に刊行された『東京町名競』における番付で、日本橋の「大伝馬町二」と「室町三丁」が最上位の勧進元とされている一方、「銀座四丁」は関脇、現在の銀座の中心である銀座4丁目交差点周辺の「尾張町三丁」は前頭の位置づけに過ぎなかったことを紹介している[3]。

このような状況において明治政府は明治5年に起きた銀座大火を契機として煉瓦造りによる不燃建築群の建設に着手した。設計を担当したのはお雇い外国人の建築技師 T. J. ウォートルスで、翌明治6年には銀座通りに煉瓦街が出現した。明治政府による計画立案の展開を明らかにした藤森照信は、銀座一帯が西洋式建築によって一新されたことのみならず、歩車分離がなされた本格的な近代街路としてデザインされたことに大きな歴史的意義が存在すると述べている[4]。道路の幅員は15間（約27.3 m）に広げられ、歩道の煉瓦

写真3-3 銀座煉瓦街（明治中期）
「東京煉瓦通」という看板も掲げられている。中央区立京橋図書館提供

写真3-4 復興建築が建ち並ぶ銀座通り（昭和8年）
銀座4丁目交差点には服部時計店（左）と三越（右）が復興建築として建設された。中央区立京橋図書館提供

舗装や街路樹・ガス灯の整備なども実施された。そして建物の前面には列柱が建ち並び、これによって通りの両側に長い歩廊が生み出されることとなった（写真3-3）。また藤森は、それぞれの店舗が江戸時代まで主流だった座売形式からショーウィンドウや立売による不特定多数を相手にした陳列型の販売形式に転換したことが、近代的商店街としての繁栄に向けた大きな一歩を踏み出すことにつながったと考察している。

第二の転機：関東大震災からの復興とモダン都市文化

　二つ目の転機は関東大震災であった。煉瓦街の建設以降、建物は次々と増改築され、連続したアーケードを形成していた歩廊部分が建物ごとに壁で仕切られてショーウィンドウに転用されたり、屋根の上に塔が築かれたりと、思い思いに手が加えられていった[5]。これらの建物は大正12年に起きた関東大震災によって壊滅的な被害を受けるものの、数ヶ月のうちにバラック建築が沿道に建ち並ぶようになり、昭和に入ると復興建築の建設が本格化した（写真3-4）。

　江戸時代から現代までの銀座の敷地割りや土地所有の変遷を明らかにした岡本哲志は、帝都復興事業の区画整理によって実施された敷地の統合が銀座通りにおける松屋・松坂屋・三越といった百貨店の進出につながったと考察している[6]。この時期には「円タク」と呼ばれたタクシーが急速に普及し、地下鉄銀座駅も開業するなど交通機関の発展が見られ、銀座は震災前以上に大きな吸引力を持つ街となった[7]。人々に新しい銀座の姿を強く印象づけた復興建築は歴史主義やアール・デコの様式を採用したものが多く、そこに表現派やモダニズムの建築も加わってさまざまな建築様式が混在する街並みが生み出されていった[8]。ところが1930年代後半になると、戦時体制への移行や統制経済のあおりを受けた商業活動の停滞などによってその繁栄に翳り

が見えるようになり、昭和15年には電力制限により銀座の象徴ともいえるネオンの消灯を余儀なくされた。そして昭和20年の東京大空襲で銀座通りの建物の大半が焼失し、震災を乗りこえて新たに築き上げられた街並みは20年余りで脆くも崩れ去った。

第三の転機：戦後におけるビル建設ラッシュの到来

終戦を迎えると銀座の商店主らは焼き払われた土地に仮設の木造建築を建てて営業を再開し、昭和21年4月には銀座復興祭が開催された。焼失を免れた服部時計店（現・和光）や松屋は占領軍に接収されてPX（基地内売店）となり、一般の買い物客は利用できなくなってしまったが、銀座通りには物資不足の中品物を求めて多くの人々が集まった。

そして昭和20年代後半になると、銀座通り沿道の建築をめぐる状況に大きな変化が訪れる。それまでは市街地建築物法によって高さ31mを超えるビルの建設は認められていなかったが、昭和25年の建築基準法施行を契機として高さ制限の撤廃に向けた機運が高まり、昭和27年に施行された耐火建築促進法によって耐火建築物と角地に立地する建物に限り31mを超えることが許されるようになった。銀座6丁目に立地する松坂屋が増築を行ったのはこの時期で、屋上には新たに展望台も設けられて高さ52mとなっている。

そして高度経済成長期に入ると、銀座は空前のビル建設ラッシュを迎える（写真3-5）。銀座通り沿道の土地所有者が居住地を銀座の外へと移すケースが増えて職住一体型の店舗が減少する一方、外部からの新規出店が急増するなど、街並みとともに土地の用途や業種も大きく変化していった[9]。このような状況において、昭和38年には銀座4丁目交差点の角地に円柱型をした総ガラス張りの三愛ドリームセンターが開業し銀座の新たなランドマークとなった。また同年には建物の高さ制限が撤廃され容積地区制度が創設されるという法体系の変化が見られ、銀座では800％の上限が設けられた。以降はその枠組みの中で銀座通りの沿道にさまざまなデザインの個性的なビルが次々と現れるようになる。

銀座の人々の「イメージ」を重視したまちづくりの枠組み構築

このように銀座通りには活発な開発行為の蓄積によって、今日まで自由でモダンな繁華街として成長を続けてきたという歴史的文脈が存在する。しかし建築家によって生み出された空間だけが街の歴史を表すものではない。近年ではそれを示す一つの動きとして、地元の人々によって共有される銀座通りの空間イメージに価値が見出され、実際の開発にこれらが反映されるような新たなまちづくりの枠組みが構築されている。

銀座通りでは1990年代に入ると、容積地区制度が導入された昭和37年以

写真 3-5 ビル建設が進む銀座通り（昭和 37 年）

容積地区制度が導入された時点で銀座通りにはすでに容積率 800% を超えるビルが多く建てられていた。
中央区立京橋図書館提供

写真 3-6 「銀座ルール」が適用されている現在の銀座通り

「銀座ルール」によって 56 m の建物高さ制限が定められた。2017 年に開業した GINZA SIX（左）も銀座デザイン協議会と開発事業者の協議に基づいて設計された。筆者撮影

前に建てられた指定容積率を超える既存不適格建築物の扱いが問題となった。これらは建替えを行った際に現状よりも少ない容積率しか得られないことから、手がつけられないままに老朽化が進んでいたのである。そこでこのような問題に対応すべく、中央区は規制緩和を伴う銀座における地区計画の策定に向けて動き出し、地元の商店街組織である銀座通連合会との協議を開始した[10]。歴史的に銀座通りの都市空間に対して高い関心を示してきた銀座通連合会は、地区計画の策定に際しても積極的に協議を進めていった。こうして平成 10 年、銀座に立地する建物に関して通りごとに容積率、高さ、壁面後退の規定を盛り込んだ地区計画「銀座ルール」が誕生したのである[11]。これによって銀座通りにおける建物高さは 56 m までと規定され、建替え時に 1 階部分を商業用途とすることが定められた（写真 3-6）。

そして平成 16 年には地元のまちづくり主体として、銀座通連合会をはじめとする商店街組織や通り会・町会などが加盟する銀座地区の意思決定機関「全銀座会」の中に「銀座街づくり会議」が設立された。これ以降中央区との協議による「銀座ルール」改正や数多くのシンポジウムの開催などに取り組んでいる。さらに中央区は、銀座で敷地面積 100 ㎡ 以上の開発を行う事業者に対して確認申請前に地元デザイン協議会との協議を課す「デザイン協議会制度」を創設し、同じく全銀座会内に設立された「銀座デザイン協議会」がその窓口を担うこととなった。これによって、銀座デザイン協議会には申請された建築計画が銀座にふさわしいデザインであるか否かを判断して事業者と協議を進めていく権限が与えられたことになる。銀座街づくり会議と銀座デザイン協議会は銀座通連合会の役員を中心とした地元商店主らによって

沿道建築

年	沿道建築
1872年 銀座大火 1873年 煉瓦街建設	**銀座煉瓦街の建設**  ○T. J. ウォートルスによって2階建てで連屋化された煉瓦街が誕生する。パラディアニズムのスタイルが採用され、建ち並ぶ列柱によって長い歩廊が生み出された。 ○敷地割を考慮せずに建設されたため、建物と敷地割のズレが生まれた。
1889年 市区改正	○煉瓦街の増改築が進められる。 ○歩廊部分を壁で仕切りショーウィンドウとする建物が増える。 → アーケードが消失
1923年 関東大震災	**関東大震災からの復興とモダン都市文化**  ○震災後数ヶ月のうちにバラックが建ち並ぶようになり、著名な建築家による2階建てのバラック建築も登場した。 ○昭和に入ると歴史主義様式（服部時計店など）やアール・デコ様式（資生堂など）による本建築の建設が進み、銀座モダンとしての景観が形成されていった。 → 建物と敷地割のズレが解消される
1945年 東京大空襲	○服部時計店や松屋などの施設が占領軍に接収され、PX（基地内売店）として利用される。 ○仮設の木造建築が建ち並ぶようになる。
1950年 建築基準法 1952年 耐火建築促進法 1963年 容積地区制度 1968年 銀座通り大改修 1970年 歩行者天国開始	**ビル建設ラッシュの到来**  ○耐火建築促進法の施行により高さ31mを超えるビルの建設が可能になる。（1952年） ○松坂屋が高さ52mまで増築を行い、服部時計店を抜いて最も高いビルとなる。（1952年） ○1960年代になるとカーテンウォールによる建築が増加する。 ○銀座4丁目交差点に面して三愛ドリームセンターが建設され新たなランドマークとなる。（1963年）
	 ○1階の店舗部分を除いて事務所建築を思わせるデザインのビルが多くを占めるようになる。 ○戦前から継承された建築も外装などに手が加えられていった。
1998年 地区計画 「銀座ルール」策定 2002年 都市再生特別措置法 2006年「銀座ルール」改正	**銀座の人々の「イメージ」を重視した新たなまちづくりの枠組み構築**  ○容積地区制度の導入以前に建てられた既存不適格建築物の老朽化が問題化。建替えルールとして新たに地区計画「銀座ルール」が策定され、最高高さは56mとされた。（1998年） ○都市再生特措法により銀座通りにおける超高層ビル建設が可能となったことから、「銀座ルール」を見直して高さ制限の例外規定を廃止し、銀座側と開発者による「協議型まちづくり」という枠組みを新たに定めた。（2006年）

（事業者による自由な開発／街並みの秩序維持）

図3-2 「開発」を通して語られる銀座

土地・用途	道路空間
○政府が大規模な土地取得によって煉瓦街を建設することを試みたが頓挫。 → その結果江戸時代からの敷地割が継承される	○銀座通りが15間（約27.3m）に拡幅される。 → この幅員が現在まで継承されている ○歩道の赤煉瓦舗装、街路樹やガス灯の導入などが行われた。 → 歩車分離の実現 ○幅員は変化したが、銀座全体で江戸時代からの街路パターンが継承された。
○地価の上昇が進む。 ○建物の改築が進む中で多くの路地が生み出される。	○1885年頃までに街路樹がヤナギに植え替えられる。 ○銀座通りの改修によって、車道の拡張と木煉瓦舗装、街路樹のヤナギの撤去、街路灯の電灯化などが行われた。 （1921年）
○帝都復興事業による区画整理が完了する。 （1930年） ○敷地の統合が進み、特に敷地割が変化した銀座通りの東側に百貨店の出店が相次いだ。	○帝都復興事業では銀座通りの拡幅は行われなかった。 ○東京朝日新聞社の寄贈により銀座通りの街路樹にヤナギが復活する。(1932年)
○復興期には多くの大規模土地所有者が土地の売却を行い、敷地の細分化が進んだ。	○GHQが銀座通りにおける露店の追放を決定する。 （1949年） ○銀座通りの街路灯が復活する。(1951年) ○歩道がコンクリート舗装となる。(1956年)
○土地所有者が居住地を銀座の外へと移すケースが多くなり、旧来の職住一体型店舗が減る。その一方で新たに銀座に進出する店舗が急増した。 ○ビルが多く建設される中でも、路地空間は敷地内で場所を変えながら継承されていった。 ○再度敷地の統合が進み、建築が大規模化する。	○東京オリンピックを前に、銀座通りの歩道がカラーアスファルト舗装となる。(1964年) ○都電銀座線が廃止となる。(1967年) ○銀座通連合会が生長不良を理由に街路樹のヤナギを撤去することを決定する。(1968年) ○銀座通りの大改修によって、歩道の大理石舗装、電柱の撤去、シャリンバイの植樹が行われる。(1968年) ○銀座通りで東京で初めての大規模な歩行者天国が実施される。(1970年)
○建設ラッシュとなった高度成長期以降は分割された敷地を統合することが難しくなり、百貨店や企業が大規模な建物を新築する際に周辺の敷地を統合するというケースで行われるようになる。	
○「銀座ルール」では建替え時に1階部分を商業用途とすることが定められ、事業者に対して商業地としての街の性格を考慮した建築行為を求めるようになった。(1998年) ○「銀座ルール」の見直しによって生み出された「協議型まちづくり」では、三越やGINZA SIXなどの二つの街区にまたがる開発において歴史的な街路パターンが損なわれないよう事業者と銀座側による協議が行われた。	○銀座通りの改修に向けて国交省、中央区、銀座通連合会による整備指針懇談会が発足する。(2002年) ○新たな街路灯を選ぶ国際コンペが開催され、最優秀案が新デザインとして採用された。(2006年) → 2010年に整備が完了 ○街路樹を高木のカツラに変更。(2018年)

通りの歴史と近年のまちづくりの動向

構成され、そこに蓑原敬（都市デザイナー）・小林博人（慶應義塾大学教授）・中島直人（東京大学准教授）といった専門家がアドバイザーとして関与するシステムが構築された。そして開発事業者に向けては建築計画の立案に際し意識してほしいポイントをまとめた「銀座デザインルール」が発行されている[12]。この中には銀座通りの特性として、「セットバックが少なく壁面線の揃った整然とした街並み」「歩行者に対する空の広がり」「多種多様な大小規模の商店の共存」「個性的な建物デザイン」「駐車場の出入口もない歩行者のための通り」などと、地元で共有されている銀座通りの空間イメージが開発事業者に対して提示されている[13]。

　自らの街のアイデンティティや空間イメージというものは一朝一夕に生み出されるものではなく、長きにわたって人々の間で共有されていく中で醸成されるものである。よって「開発」という未来を生み出す行為にこのような人々の「イメージ」を反映させるしくみが生み出されたことは、銀座の街が持つ歴史的文脈を次の時代に引き継いでいくという意志の表れといえるだろう。

(2) 地元の人々による街のイメージ形成の歴史

　このように、近年の銀座通りでは地元の人々によって共有される空間イメージが沿道における開発に反映されるまちづくりの枠組みが構築されている。しかし実際にはこれらの動きが生まれるはるか以前から、銀座通連合会は街のアイデンティティやめざすべき空間像などに関する議論に取り組み、独自の構想立案や行政当局への働きかけなどを通して、自らの求める都市空間の実現に向けた運動を展開してきたという歴史がある。

　沿道での開発行為という観点から銀座通りの歴史に注目すると、現在に至るまで変化を繰り返しながら新しい空間が生み出されてきたという文脈が浮かび上がる一方で、地元の人々による議論やそこで共有された空間イメージに注目すると、都市空間に対する問題意識や運動のテーマが長きにわたって継承されてきていることがわかる。

　そこで本稿では、銀座通連合会が戦前から戦後にかけて取り組んだ銀座通りの空間デザインを求める運動の展開に歴史的意味を見出し、銀座を語る「場」とそこで共有された空間イメージの継承プロセスを明らかにする。そして彼らがそれぞれの時代で当時の都市の変化をどのように受け止めながら自らの運動に還元してきたのかを検証する。これまで、地元の人々による銀座のイメージ形成史ともいえるこれらの動きが注目されることはほとんどなかったが、その系譜は「開発史」として語られる既存の歴史観に対して

新たな視点を与えるもう一つの銀座の歴史的文脈として捉えることができると考えている。

3. 1930年代における都市美運動の萌芽

(1) 契機となった「銀座の柳」の復活

　大正8年の設立以降、街路樹の扱いや関東大震災の復興における共同建築化などに関する議論に取り組んできた銀座通連合会は、1930年代になると銀座通りの都市空間整備に向けた大規模な運動を展開するようになる。よって本稿では昭和5（1930）年頃の銀座通りの様子から書き始めることにしたい。

　関東大震災からの復興が進み、西洋式の復興建築が次々と建てられるようになった当時の銀座通りには、イチョウが街路樹として植えられていた（写真3-7）。銀座通りの歴史を語る上ではヤナギが象徴的な樹木として取り上げられることが多いものの、実際には常にヤナギが植えられていたわけではなく、植樹と撤去が繰り返されてきた経緯がある。そこでまず煉瓦街建設以降の銀座通りにおける街路樹の変遷について整理しておこう。

　煉瓦街が建設された当初、街路樹として植えられたのはマツ、サクラ、カエデといった樹種で、初めてヤナギが植えられたのは明治18年、19年頃であるといわれている。しかしこれらは東京市が街路網整備の一環として大正10年に実施した車道拡張工事で撤去され、後継街路樹としてイチョウが植えられた。この街路樹は大正12年に発生した関東大震災で焼失し、復興事業において再度イチョウが植樹されたのだが、当初から慢性的な生長不良に陥り、昭和5年頃になるとヤナギの再植樹を求める声が銀座の内外で高まりを見せた。その原因について道路を管理する東京市は、舗装の木煉瓦に塗られた防腐剤が蒸発して発生するガスの影響であると認識していた[14]。

　このような機運の中で銀座通連合会も積極的な運動を展開したとされており、昭和5年8月26日付の東京市公報は「この声が銀座の一角に興つて次第に銀座に充満し銀座の連合会あたりで力コブを入れて力説し市公園課に運動したり果ては市長にまでかけ合つた？　とか云ふ騒にまでに発達した」と報じている。

　当時の東京市の街路樹計画では一つの路線を1樹種で統一する方針が採られており、イチョウは品川から上野までの区間で植えられていた。これはアメリカのパークシステムを理想として、街路樹が整備された広幅員街路と公園緑地を一体的に配置するという方針のもとで取り入れられた施策であった。東京市公園課課長の井下清はイチョウが生長不良に陥った原因を特定し

写真3-7 街路樹のイチョウ（大正14年頃）
震災後の銀座通りには再びイチョウが植樹された。
中央区立京橋図書館提供

写真3-8 植樹式の様子（昭和7年）
ヤナギの植樹式は銀座4丁目交差点の三越前で行われた。
中央区立京橋図書館提供

ていたものの、街路樹計画全体の中で銀座の街路樹のみを変更するという決断はできずにいた。その一方で銀座内外からのヤナギ待望論に対して、再植樹に否定的だった東京市も昭和5年8月26日付の東京市公報に「いたたましい銀座の公孫樹」と題したレポートを掲載し、街路樹の扱いに関する苦悩を吐露している。

> 「其の姿の何んと貧弱であることか。これを人間に喩へて見れば栄養不良のヒヨロヒヨロで、その上貧血症で結核に冒されて居る様なものだ。（中略）東京を代表するこの盛場がかうではとしきりに気を揉んで居る。連合会あたりの要望通りに再び柳を復活さすか或は近代街路樹の流行見たるプラタナスにしようかと百方に迷つて悩みつかれて居る」
> 「銀座の柳はあく迄も、昔あつた銀座の柳として過去の思ひ出の中にそつとして置いた方が良くはないか。（中略）銀座に柳の要望の諸人士、あの盛り場を最も美しく飾る街路樹の名案はないものか」

このように東京市は従来の基本方針と地元からの訴えの間で揺れ動いていた。しかし昭和6年、有楽町に本社を構える東京朝日新聞社が銀座通りの新たな街路樹としてヤナギを寄贈する意志を表明したことで流れが決し、3月17日付の東京市公報は「本市公園課としても銀座の銀杏はあまりにも貧弱で早晩何んとか方法を講じようと思つて居た矢先、銀座の繁栄策として柳を

図3-3 銀座通連合会の運動を報じる新聞記事
銀座通連合会が電柱の撤去に向けた運動に着手したこと、その目的が「都市美」の実現であることが報じられている。
東京朝日新聞1933年7月2日朝刊

写真3-9 副会長の保坂幸治
保坂は長きにわたって運動の中心的役割を果たした。写真は1950年代のもの。
銀座通連合会提供

植ゑたいからと言はれれば反対など無論なく、賛成することとなつたものである」とヤナギの再植樹が決定したことを報じている。

植樹式は翌昭和7年2月16日に銀座4丁目交差点で行われ、永田秀次郎東京市長、井下清東京市公園課長、吉田幸次郎銀座通連合会会長らが出席した（写真3-8）。銀座通連合会はこれを記念して「銀座柳まつり」を開催するとともに、今和次郎や井下らを審査員に招いて「柳復活記念銀座街頭装飾設計図案」のコンペを実施し、一等に選ばれた装飾が祭り当日の銀座通りを彩った[15]。柳まつりはこれ以降春の恒例行事として定着した。

(2)「都市美」への関心の高まり

昭和8年7月、銀座通りの地下では浅草—京橋間を結んでいた東京地下鉄道（現東京メトロ銀座線）の延伸工事が実施されていた。その中で銀座通連合会は地下鉄工事に合わせて乱立する電柱を撤去し電線の地中化を行うことを、内務省や東京市の技師らによって構成される団体・道路研究会に提案した（図3-3）。道路研究会はこの案に対して賛意を示し、都市美協会や交通協会、道路改良会などの各種団体にも賛同を求め機運の高まりを期していくことが申し合わされた。この動きの中心を担っていたのは当時銀座通連合会副会長であった保坂幸治（三河屋）で、以降市当局や関係省庁などへの陳情にたびたび出向き、新聞や雑誌などのメディアでも積極的に発言していく

ことになる（写真3-9）。当時の新聞では、「真黒なコールタールに塗りつぶされた醜い電柱だけが、明治時代と少しも変らぬ姿で無作法に突つ立ち、これは『日本の社交場』を誇るモダン銀座を傷つけること甚だしい」という認識が地元商店主らの間で共有されたことによって生まれた動きであると報じられた。

　これに対して前向きな反応を見せたのは都市美協会であった。都市美協会は都市研究家の橡内吉胤らが中心となって設立された運動団体で、建築家や研究者をはじめ、石原憲治や井下清など東京市職員も多く参加していた。彼らは昭和9年2月17日に行われた総会で電柱の撤去に向けた運動に着手することを決議した[16]。当時の都市美協会は東京市の土木局内に事務所を構え、市の職員が団体の運営業務を行うなど市の外郭団体としての性格が強くなっていたことから[17]、電柱の撤去というアイデアは市当局の中でも現実味のあるものとして認識されていたと考えられる。

　そして都市美協会とつながりを持った銀座通連合会は、同年5月16日に都市美協会の石原憲治と井下清、市土木課員らを招いて「銀座舗装座談会」を開催した。これは銀座通りにおける地下鉄工事の完了に伴って市が近く道路空間の再舗装に着手すると考えた銀座通連合会が、電柱の撤去に先立ち新たな歩道舗装のあり方について議論することを目的としたもので、市当局側は地元からの出資があれば歩道の再舗装を実施する用意がある旨を伝えた。当時銀座通連合会は大理石による舗装を希望していたが、現実的な選択として同年のうちに銀座通りの6〜8丁目部分でコンクリート平板による舗装が実施されることとなった。

4. 1940年の東京五輪を見据えた運動の展開と挫折

(1) 皇紀2600年に向けた運動方針の決定とその空間像

　昭和11年7月、東京オリンピックと日本万国博覧会が皇紀2600年を迎える昭和15年に開催されることが決定すると、東京における都市空間整備や「都市美」実現の必要性が新聞などで盛んに叫ばれるようになった。

　銀座通連合会は9月10日の理事会で昭和15年の国家的行事に合わせて実施する街頭装飾のための「銀座装飾積立金」に着手することを決定し、同時に「付帯する諸案」として、電柱の撤去や銀座通りを走る市電の廃止に向けた運動に取り組むことを決議した[18]。これは銀座通りにおける地下鉄銀座線の工事完了に合わせて電柱の撤去と市電の廃止をしようと、昭和15年に向けた運動の最重要目標として設定したものであった。当時の写真を見る

106　3章　銀座を語る「場」と語られる銀座のイメージ形成史

写真3-10 昭和10年頃の銀座通り（銀座8丁目）
銀座通りの車道の上には市電の架線が張りめぐらされ、歩道には電柱と架線のための支柱が乱立していた。銀座通連合会提供

と、銀座通りには電柱・電線以外にも市電の架線が張りめぐらされており（写真3-10）、地元商店主らはこのような都市環境を好ましく思っていなかった。同会の意識が昭和15年に向けられていたことは、当時作成されたスクラップブックに東京オリンピックや日本万国博覧会、皇紀2600年記念行事に関する記事が多く収集されていることからも理解できる。

　ここで当時の地元商店主らが銀座通りの都市空間に対してどのような問題意識を持ち、めざすべき方向性としてどのような空間イメージが共有されていたのかを詳しく見てみたい。その一端は昭和9年6月1日に時事新報社主催で開催された「帝都の『顔』を語る座談会」での議論に表れている（図3-4）。この座談会には銀座通連合会会長の富澤半四郎や副会長の保坂幸治、前会長の吉田幸次郎らをはじめとした銀座の商店主22名が参加し、銀座通りの都市空間のあり方や銀座という街のアイデンティティに関する議論を展開した。まず進行役を務める記者が「銀座通りは商店街とプロムナードどちらに進むべきか」という問いを投げかけ、これに対して出席者は一様に「プロムナードとして進むべき」と答えている。この「プロムナード」という言葉は、歩道が広く、緑が多く植えられ、ネオンが輝き、歩きながらショーウィンドウを眺めて楽しむことができる空間のイメージとして用いられており、当時の地元商店主らが描いていた銀座通りの未来像がうかがえる。

4. 1940年の東京五輪を見据えた運動の展開と挫折

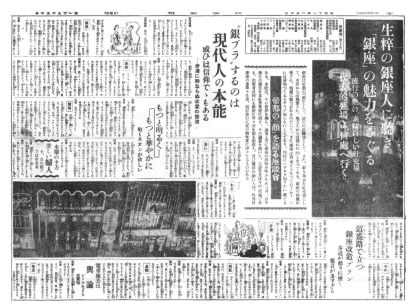

図3-4 新聞に掲載された「帝都の『顔』を語る座談会」
座談会には銀座通連合会の関係者が多く参加し、銀座通りの未来像について活発な議論が展開された。
時事新報 1936 年 6 月 7 日朝刊

鈴木成之助（銀座通連合会相談役）
「商店街として進む銀座よりも歩道を主にして立つ銀座として、私は次のようなプランを考へてゐます。まづ現在の電車の取除き、之を純然たる車道として、両側に散歩道を設け車道と散歩道の間に花園を造る。（中略）兎に角現在の人道を斯したプランの下に出来るだけ散歩道にする様に努め、少しづつでも實行に着手したいですね」

門倉國輝（洋菓子メーカー・コロンバン創業者）
「何れにしても、電柱の歩道は餘り狭すぎますね。品物を見ることはおろか、ゆつくり歩けない。是非歩道は拡げて欲しい。そして歩道に面して椅子、テーブル等を出して、和やかに一杯位やる様に……」

加えて、銀座通りの現状はパリのショーウィンドウやニューヨークのネオンと比較して大きく劣っており、いっそうの充実が必要であると指摘された。

小坂梅吉（日比谷松本楼創業者）
「商店もウインドーなんか最近非常に発展してきたが、パリのウインドーに比較すると比べものにならない。巴里のウインドーは鏡を非常に使つてる。

鏡の使ひ様も学ぶべきものがあると思ふ」
　　　大西五郎平（銀食器メーカー・大西錦綾堂創業者）
「照明が煌々と輝いて、非常に綺麗たるといふことが現代人に好かれるのだと思ふ。明るい所には人がより以上に集る。だがニューヨークのタイムズ・スクエアーに比べるとズッと劣りますね」

　しかし欧米の都市を理想化したこのような空間イメージが共有される一方で、海外からの観光客に対し日本を代表する繁華街として日本的な印象を与える街並みをめざすべきという共通認識も存在していた。当時の銀座通りでは関東大震災からの復興によって、仮設店舗から本建築への建替えが進められており、その中には瓦屋根をつけた和風建築も存在していたが、大半は歴史主義やアール・デコなどの様式を取り入れた西洋式建築であった。座談会の出席者はこのような街並みに対して厳しい評価を下している。

　　　秦利三郎（伊勢伊時計店）
「私は何時も銀座を対外的に立派なものにしたいと考へてゐます。外國の大都市のイミテーションが即ち銀座があると言ふやうでは、心細いですからネ。欧風の建築がドンドン銀座に入って来て盛んに西洋建築が建つてゐますが、私は一見して日本の銀座とうなづける様な銀座を作りたいと思ひます」
　　　玉木彌市（玉木商会・銀座通連合会相談役）
「私も秦さんのおつしゃつた様な國粋的な銀座には大賛成です。外國人が来てもどこの國だか解らない銀座では仕方がないと思ひます。出来るなら日光の廟の様な、また日本の古城のような建築様式を加味して銀座を作りたい。少くともさうした気持の雰囲気を醸し出すことの出来る銀座であつて欲しい。アメリカ式の無味乾燥な建物は真平です」

　「日本の銀座」「国粋的銀座」と座談会内で呼ばれたこのような空間イメージは東京オリンピックによって外国人の来街者が急増することを見据えて生まれたものであるが、モダン文化が花開いていた時代にこのような視点が併存していたという事実はこれまでほとんど注目されることがなかった。この視点は新年や大売出しなどに合わせて銀座通りの歩道に設けられたゲートのデザインにも見ることができ、翌昭和12年の新年には日本趣味を前面に押し出した瓦造りのものが設置されている（写真3-11、3-12）。同会相談役の玉木は、他の雑誌においても銀座通りのめざすべき方向性について、「ニューヨークのブロードウェーと第五街を兼ねたやうなところ、若くはロンドンのリーゼントストリートのようにしたい」としながらも、沿道の建築について

4. 1940年の東京五輪を見据えた運動の展開と挫折　　109

写真3-11 銀座通り沿道の建物（昭和9年）
当時の銀座通りには瓦屋根をつけた和風建築（右）もところどころに存在していた。
銀座通連合会提供

写真3-12 服部時計店前のゲート（昭和12年）
1937年の新年には歩道に瓦造りのゲートが設置された。
銀座通連合会提供

は「日本趣味を充分に加へたものを建てたい。外人が日本へ観光に来ても、西洋か日本か区別がつかないやうでなく、外形は少くとも日本風の屋根とか構造とかで、美術的なものにしたい」と述べており[19]、一見矛盾するようにも思える二つの異なった空間イメージが存在していたことがわかる。いずれにしても、この時代に地元商店主らが合言葉のように用いていた銀座通りにおける「都市美」とは、路上の施設や建物のファサード、ショーウィンドウ、ネオンなど、道路空間と沿道建築の壁面によって構成される領域の視覚的な「美」を指しており、現在では「街並み」や「景観」として語られる空間把握アプローチが当時の一般市民の間ですでに定着していたのであった。

(2) 日本都市風景協会との連携による運動の展開

昭和11年10月、銀座通連合会は理事会で決定した運動方針に基づき、東京市長や市電気局長、市議会議長らに対して、市電の廃止を求める陳情書を301人の署名や代替ルートに関する私案とともに提出した[20]。その内容は以下のようなものである。

> 「銀座通連合会は町会各員相寄り相協力してここ四年間に銀座を改装整備して『帝都の顔』として恥しからざるものたらしむべく決定し、その実現に邁進の覚悟に御座候。即ち建築様式の改装促進、電柱の撤去、看板広告類の整理統一等は勿論、ショーウインドーの改造、店頭装飾の諸研究、照明その他店内陳列の改革、露店の美化統制を図る等その主たるものに有之候」

「銀座の如く比較的幅員狭く繁華を極める街路にては路面電車の運行は徒らに喧騒と交通障害をもたらすこと多く、ポール架線等錯綜して都市美を害することまた少からず候。殊に今日の如く交通整備発達し自動車、バス、地下鉄等容易に利用し得る時代においては、路面電車存置の必要なかるべく交通過の防止、都市美の助長、市街の繁栄のためにも是非撤廃致し度候」

　陳情書の中では昭和15年に向けて取り組むテーマが表明され、市電廃止の意義が交通的観点と「都市美」的観点の両方から述べられたが、これに対する市当局の反応は芳しくなかった。陳情の様子を報じる新聞記事には市電気局の見解として「現在でこそ自動車、乗合自動車、地下鉄等の交通機関が発達したから路面電車の必要が薄らいだが、数年前までは市電が最も銀座のお客を輸送していたのにその功績恩顧も忘れて今更自分勝手な要求をするのは片腹痛い」と不快感を表す談話が掲載されている[21]。実は、過去に東京市は関東大震災の復興に合わせて銀座通りの市電廃止を計画したものの、地元の強い反対で断念せざるを得なくなったという経緯があり、市当局では今さら市電の廃止を主張するのは身勝手であるという認識を持っていた。また当時市電の運賃が市の貴重な税収となっていたということも、市当局の態度を消極的にさせる要因であった。

　このように市電の廃止に向けた運動は進展の見込みがない状況にあった。電柱の撤去には賛同していた都市美協会も市電の是非に関する意志決定は行っておらず、現実的なテーマとは考えていなかった。そこで銀座通連合会は運動を進めていく上での新たな連携相手として、日本都市風景協会（以下都市風景協会）に注目した。都市風景協会は市の影響力が強まったことに反発して都市美協会を脱会した橡内吉胤が昭和10年に設立した新しい団体で、設立発起人に名を連ねた人物も長谷川如是閑（ジャーナリスト）、川路柳虹（詩人）、福原信三（資生堂社長）、岸田日出刀（東京帝大建築学科教授）ら民間人がほとんどであった[22]。銀座通連合会としては市電廃止の実現を含めた都市美運動の展開に突破口を見出すため、在野の運動団体である都市風景協会との連携を模索したのだった。また橡内個人としても、昭和6年に新聞の連載で「銀座をもつと散歩道らしくするには、先づ厄介な電車や電柱を撤去し、建物その他の設備を追々と散歩道らしいものに改めてゆけば一層いい」と主張する[23]など、銀座通連合会とつながりを持つ以前から銀座通りの市電を廃止する意義を説いており、同じ問題意識が両者で共有されていたと考えられる。

　そして彼らは二つの組織による合同の運動体を「銀座検察隊」と名づけ、

11月24日に銀座通りの視察と座談会を行った。座談会では、視察の結果を踏まえて都市風景協会側から以下の11項目からなる提言がなされた[24]。

①建物が和洋折衷で統一感がなく、日本家屋は最も調和を破るものなので洋風建築に改めるべき。

②建物の高さが不揃いなので本建築は4階建て以上という最低限度を定めるべき。

③建物の1階部分には必ずショーウィンドウを設けるべき。

④「銀座の柳」は貧弱なので別の樹種に植え替えるべき。

⑤歩道に自転車があふれ歩道の物置のような状況なので撤去すべき。

⑥市電を廃止して銀座内を走るスマートなバスを連合会でつくり市に寄付するべき。

⑦街路灯が古いので新しい様式のものに取り換えるべき。

⑧美術的な電柱の設計を懸賞募集して全ての電線を収容するべき。

⑨アメリカ生まれの二世を雇って外国人のためのガイドとするべき。

⑩地下鉄の出入口をもっと増やすべき。

⑪交通量の多い場所には地下道の横断歩道を整備するべき。

この当時、銀座通りの沿道建築には市街地建築物法に基づく31mの高さ制限がかけられていた。しかし土地の敷地割りが細かく共同建築が少なかったこともあり、百貨店などを除いた大半の建物は2、3階建てであった（写真3-13）。そして昭和7年の再植樹以降生長不良に陥っていたヤナギや、6年前に導入された街路灯に対しても厳しい眼が向けられた。この座談会では市電の廃止と電柱の撤去を最優先目標に掲げて共同で運動を展開していくとの決議文が作成され、両者の連名で市当局に対して陳情を行っていくことで合意した。さらに12月19日には銀座検察隊として銀座通りにおける騒音調査を実施し、市電が生み出す騒音の検証が行われた（写真3-14）。都市風景協会会員で音響工学を専門とする建築家佐藤武夫が銀座通り沿道4箇所に騒音計を設置した結果、「市電の存在は歩行者の精神状態に悪影響を及ぼしている」との結論に至った。調査の実施が事前に公表されていたこともあって当日には街頭に多くの人が集まり、この「人体に危険」という声明は新聞などでも大きく報じられることとなった。

このように銀座通連合会と都市風景協会は昭和15年に向けた都市美運動において共同歩調をとったが、銀座通りの現状に対する評価やめざすべき空間像については認識の相違も見られた。前述のように当時の銀座通連合会では欧米の都市を模範とした西洋的な銀座通りをめざす方向性とともに、海外からの来街者に対して日本的な印象を与える街並みを創出するべきというも

写真3-13 銀座通りの歩道
（昭和11年）
2～3階建ての建物が多く、
自転車の駐輪も目立っていた。
中央区立京橋図書館提供

写真3-14 騒音調査の様子（昭和11年）
銀座通り沿道に4台の騒音計が配置され、市電走行時の騒音が計測された。右端の人物が橡内吉胤。銀座通連合会提供

う一つの空間イメージが共有されていた。しかし都市風景協会は日本的情緒を生み出す和風建築やヤナギは排するべきと考えていた。この主張は銀座検察隊の座談会でも表明され、特に橡内は生長不良に陥っているヤナギが街路樹として不適当であると強く訴えた。橡内は昭和7年にヤナギの再植樹が実施された際にもこれに反対する旨の主張を展開しており[25]、座談会では新たな街路樹として「近代都市のメーン・ストリートを飾るには銀杏こそ理想的」とイチョウの再植樹を提案した[26]。これに対してかつてヤナギの再植樹に向けた運動に取り組んだ銀座通連合会からは、副会長の保坂が以下のように発言している。

> 「街路樹としては柳では駄目といふことは判りました。（中略）今後電車や電柱が撤去された場合には専門家の意見も聞き日本の代表的銀座に応しい樹木が選定されるべきです。柳祭といつたものも一種の宣伝的祭で実際の根拠がある訳でもないのです。私等は銀座の功労者創設者といつた人々を尊敬するお祭りといつたものに替るべきではなからうかと考へてゐます」

都市風景協会側が後継街路樹の候補としてイチョウを挙げ、わが国に古くから存在する樹種であるという日本的性格の強さを強調したことによって、

4. 1940年の東京五輪を見据えた運動の展開と挫折　　113

彼らはヤナギの撤去に応じる姿勢を示し、昭和7年の再植樹が契機となって始まった「柳まつり」の名称変更まで示唆した。そして実際に翌昭和12年4月には、それまでの柳まつりから「銀座まつり」へと名称を変えた新たな行事が開催されている。

　しかしその後銀座通連合会は、昭和12年6月に都市風景協会と開催した座談会の席で、前年に改植したヤナギの状態が良好であることや、泥水が流れ込まないよう植込みを改良したことなどを理由に、それまでの姿勢を変化させヤナギの存続を提案するようになった。ここで同会相談役の玉木彌市は現状に関して「現在の柳のままでよろしいとは思つてゐない」としつつも、「日本人らしい情緒があるので、パリのマロニエのやうに外國人が来て銀座の柳はよいと向ふへ帰つて印象に残ると思ふのです」と主張した。副会長の保坂も「どうか柳は銀座の付き物として御賛成をして戴きたいのです」と発言している[26]。銀座通連合会は街路樹を日本的銀座をめざす上での重要な要素として認識しており、前年はヤナギと同じく日本的性格が強いとされたイチョウに変更することを受け入れたが、生長状態の好転によって、よりなじみの深いヤナギの存続を訴えるようになった。このことから当時の銀座通連合会ではヤナギそのものへの愛着以上に、その日本的性格の強さに対して大きな価値が見出されていたと考えられる。座談会では橡内が依然としてヤナギの存続に難色を示したが、彼を除く都市風景協会側の出席者全員が賛意を表明したため、ヤナギを撤去するという方針は白紙化された。

(3) 銀座改造計画の発表と都市美運動の終焉

　昭和12年1月、銀座通連合会は10年という長期的視点から、電柱の撤去と市電の廃止を前提とした将来構想として「銀座改造計画」を発表した。その概要は以下の通りである[27]。

　①電柱が撤去されて見通しが良くなった銀座通りにおいてバラック建築から本建築への建て替えを進め、美観を誇る繁華街とする。

　②道路の全てを歩行者空間として整備し銀座通りを「社交街」とする。

　③市電の廃止とともに通過交通としての自動車の通行を禁止する。

　④昼間の一定時間はバス以外の自動車の通行を禁止し、さらに人出の多い時間は完全な車両通行禁止とする。

　⑤小公園を各ブロックの路上に整備し、芝生や小樹木で空気の清潔を保つ。

　この構想は前年11月に開催された銀座検察隊の座談会で都市風景協会が行った提言とは異なった内容になっているが、12月に東京日日新聞が主催した「明日の京橋区を語る座談会」の席では、出席者の保坂が建物の最低

高さを定めるという都市風景協会の提言と同様の主張を述べていたことから、彼らの提言が銀座通連合会内部の議論に一定の影響を与えていたことは事実であると考えられる。

その後は市電の廃止に向けた運動がなおも難航する一方で、電柱の撤去に関しては市当局や電柱・街路灯を管理する東京電燈と継続的に協議が進められた。そして昭和12年2月には工事費の一部を銀座通連合会が負担することで合意に至り、同

写真3-15 東側歩道の共同日除け（昭和11年）
白と水色の「フランス風日除け」が連続して設置された。
中央区立京橋図書館提供

会が運動の柱に据えていた電柱の撤去の実現が現実味を帯びることとなった。また同年7月には銀座通りの東側歩道において、それまで沿道の商店が各自に設置していた日除けを統一して「フランス風」の共同日除け（写真3-15）が設置されている。

しかしこのような機運は、日中戦争勃発や政府が打ち出すようになった商店法などの統制経済政策によって大きくしぼんでしまう。商店法は飲食店を除く業種の商店が22時以降に営業を行うことを禁止するもので、これが施行されれば銀座をはじめとする繁華街は大きな打撃を受けることが予想された。この法律では地方長官に「盛り場」として認定された地区に限って特例として23時までの営業が認められるとされたため、銀座通連合会はその認定を受けるための運動に取り組まなければならなくなった。よってそれまで継続して行ってきた都市美運動は中断せざるを得なくなり、盛り場認定のための働きかけも東京市内では浅草六区のみが選ばれる結果となったことで失敗に終わった。

それでも合意に至っていた電柱の撤去については市議会で審議が進められ、昭和13年5月17日に本会議を通過したことで実施が確実なものとなった。しかしこれも翌月になって大蔵省が市の起債を削減したことによって一転して中止に追い込まれてしまう[28]。この時期には戦時体制への移行に伴って統制経済がいっそう強化されるようになっており、電柱の撤去はオリンピックに便乗した必要のない事業として認識されてしまったのであった。そして同年7月には、電力消費の削減を目的としてネオン街新取締規則が定められ

たことにより、銀座通りのネオン消灯が実施された。時代はもはや、都市美の実現に向けた運動を展開するような状況ではなくなっていたのである。

その一方で都市風景協会とは良好な関係が維持されていたと考えられ、昭和15年1月27日に都市風景協会主催で行われた「銀座通りの紙屑の考現学的調査」には銀座通連合会から保坂らが参加している。また同年4月に発行された都市風景協会の機関誌『都市風景』の「銀座特集号」にも後援として銀座通連合会の名が記され、巻末には同会の会員名簿が掲載されている（図3-5）。特に石川栄耀とは強いつながりが存在し、保坂が会長となって昭和16年に立ち上げられた銀座通照明研究会の発会式では石川が講演を行ったほか、同年に開催された商店街戦時協力週間の「消費者の声を聞く座談会」にも保坂と石川が揃って出席している。

図3-5『都市風景』銀座特集号
（昭和15年）
銀座通連合会はこの号に後援として関わった。
中島直人氏提供

5. 戦後に再開された運動における問題意識の継承

(1) 戦災復興期の取組みと道路空間の自主管理

銀座は昭和20年の東京大空襲によって大きな被害を受け、銀座通り沿道の建築物の大半が焼失した。それでも銀座通連合会は終戦後すぐに商店街の復興へと着手し、銀座に事務所を構えていた大倉土木（現大成建設）にバラック建設のための資材調達を依頼して10月25日に仮設店舗の立柱式を行った[29]。そして12月には、電柱の撤去、都電の廃止、街路樹のヤナギからイチョウへの変更、建物高さの最低限度規定の導入といった内容を盛り込んだ独自の銀座復興計画を東京都都市計画局に提出している（図3-6）。銀座の大部分が焦土と化した状況で策定された計画であったが、その内容は1930年代に議論されたテーマを引き継いだものとなった。かつて都市風景協会が提言した街路樹の変更や建物高さの最低限度規定の導入などもこの計画に取り入れられている。当時銀座通連合会会長の職に就いていたのは副会長として都市美運動の推進役を担ってきた保坂幸治（会長在任：昭和14〜38年）で、役員の顔

図3-6 銀座復興計画の提出を伝える記事（昭和20年）
都電走行ルートと街路樹の変更に関する提案が大きく取り上げられている。
毎日新聞1945年12月12日朝刊

ぶれも戦前期からの連続性が見られた。

そして当時同会の内部で描かれていた銀座通りの空間像に注目すると、電柱の撤去や都電の廃止といった従来の主張に都市風景協会の提言内容も加えられ、戦前に「プロムナード」として語られたイメージが引き続きめざすべき方向性として共有されていることがわかる。その一方で日本趣味を前面に押し出した街並みを創出すべきとする記述は見当たらず、「日本的銀座」として語られた視点は、少なくとも空間デザインの面においては重視されなくなっていたと考えられる。

物資が不足していた戦災復興期とあって、大規模な空間整備を必要とする銀座復興計画に本格的に着手することはなかった。しかし同時期には銀座通連合会独自の取組みとして銀座通りの道路環境の改善を実現させている。当時の銀座通りは東京都の管理下にあったが、都に道路空間整備や商店街の復興などに取り組む資金的余裕は全くなかったため、銀座通連合会が実質的な管理主体となっていた。昭和24年に費用の半額を負担してコンクリートブロックによる歩道の舗装を実施したほか、昭和25年には石川栄耀らを審査員に招いて新たな街路灯のデザインコンペを開催し、その翌年に最優秀作品に選出されたデザインによる街路灯整備を実現させている[30]。以前の街路灯は戦時における供出のため昭和18年に撤去されており、8年の時を経て銀座通りに灯りが復活したのであった。この街路灯のデザインは意匠登録も

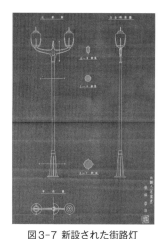

図3-7 新設された街路灯
（昭和26年）
意匠登録の申請書に描かれた街路灯のデザイン。銀座通連合会提供

写真3-16 銀座清聴会での集合写真（昭和28年）
前列中央が講演を行った石川栄耀で後列右が銀座通連合会会長の保坂幸治。銀座通連合会提供

なされ（図3-7）、地元商店主ら自身の手で取り組んだ空間デザインに対する強い思い入れが感じられる。銀座通連合会と石川の関係は戦後になっても続いており、石川の主宰する商業都市美協会という団体が銀座通り沿道のすべての建物をスケッチして銀座通連合会に贈呈しているほか、昭和28年には銀座通連合会主催の講演会「第一回銀座清聴会」にも登壇して「銀座を叱る」というテーマで講演を行っている（写真3-16）。

商業都市美協会が作成したスケッチ「昔と今の銀座大鑑」を見ると、戦災復興期に建てられたほとんどの仮設店舗にショーウィンドウが設けられていることがわかる（図3-8）。沿道の建物はそれぞれ異なったファサードを有していたが、これらのショーウィンドウによって連続的な街並みが形成され、商店街としての一体感が生み出されていた。銀座では戦前期からショーウィンドウに対して大きな価値が見出されており、戦後においても銀座通連合会は店舗の照明と店頭装飾の指導を中心的な事業の一つとして位置づけていた。会長の保坂は雑誌の座談会で「こんごは、舗道も極力改修しているうちに、焼けた建物も改装しウィンドウなども整備してゆきたい。そうして、真の銀座にかえらなければならないと思っています。（中略）銀座は売らんがための店よりも、見たり眺めたりさせたりする店を並べて銀ブラを楽しませたいと思う」[31]と語っている。ショーウィンドウの存在は、銀座が銀座であるための固有性を創出する重要な要素として捉えられていたのであった。

図3-8 「昔と今の銀座大鑑」（昭和26年）
石川栄耀が主宰する商業都市美協会が作成した銀座通りのスケッチ。木造の仮設店舗にもショーウィンドウが設けられている様子が見てとれる。105cm×29cmのものから一部抜粋。銀座通連合会提供

(2) 銀座改造案の策定とオリンピックを目標とした運動の展開

　昭和30年12月、銀座通連合会は都電の廃止に向けた運動に再び着手することを決定した（写真3-17）[32]。これは銀座復興計画に盛り込まれたテーマでもあり、同会が実施したアンケート調査では会員の8割以上が都電の廃止を求めていた。当時銀座通連合会は都電廃止後における銀座通りの空間像として、歩道を広げ植樹帯（「グリーンベルト」と呼称）を車道に沿って創出するというイメージを描いていたが、東京都の反応は芳しくなかった。そこで銀座通連合会は銀座通りの空間整備に対する社会の関心を高めることを目的として、昭和32年に「銀座通りの改造」に関する懸賞論文の募集を行った。これには273点の応募があり、都市社会学者磯村英一や建築家谷口吉郎ら9名の審査員によって入選案が選出された[33]。そして昭和33年6月6日の銀座通連合会総会において、入選案を総合的に取りまとめたものを同会の運動方針として決議した（図3-9）。その内容は都電の廃止と電柱の撤去という従来の主張に加え、「建物の高さ統一と共同建築の建設を推進する」「それぞれの建物は裏通りまで通り抜け可能な形態とする」「銀座通り全体が一つの

5. 戦後に再開された運動における問題意識の継承　　119

写真3-17 都電が走る銀座通り（昭和30年）
都電の存在によって銀座通りでは渋滞が頻発していた。
銀座通連合会提供

図3-9 「銀座改造案」を伝える記事（昭和33年）
「銀座改造案」は総会の席で磯村英一によって発表された。
読売新聞 1958年6月7日朝刊

ショーウィンドウの連続であるような形式を持つ」「歩道の車道側に商品を展示するガラスケースを並べる」など多岐にわたっていた。保坂は当時の銀座通りの状況について、「大メーカー等の展示場や、宣伝場、サービスステーション的な利用が多くなって、Shopping より Show Window 性が高くなっている」と述べており[34]、これらの方針の中でもショーウィンドウに対する関心が高かったことがうかがえる。また審査員を務めた磯村は昭和29年に開催された「銀座清聴会」でもガラスケースの設置を提唱しており、「銀座の『商店のエクステンション』といえるものであり、街路灯の役割も担うもので、ショッピングストリートとしての印象を強める働きがある」と述べていた[35]。銀座通りが有する「Show Window 性」に注目して価値を見出す磯村の姿勢は、銀座通連合会で共有されていた空間イメージとの高い親和性をうかがわせる。

そしてこのような状況において、都電の廃止に向けた動きとしては昭和34年10月、建設大臣や都当局などに対して以下のような陳情書を提出している[36]。

「都心部における交通不安の増大は日を追って激化の一途をたどっており、その対策を樹立しなければならない。大切なことは現在のスピード交通を阻害する因子を除去することであり、その第一着手として路面電車の撤去をお願いしたい」

写真3-18 再舗装された銀座通りの歩道（昭和39年）
　　つなぎ目が問題となったコンクリートブロック舗装からカラーアスファルトに一新された。
　　銀座通連合会提供

　「オリンピックを5年後に控えるなかで世界の銀座として知られる銀座に歴史的遺物たる路面電車を存続させることは首都の恥であり国の恥である」

　昭和31年2月にも同様の陳情書を提出し、これを受けた都議会は交通委員会で都電の是非に関する審議を行うまでになったが、3月17日に「趣旨は理解できるものの時期尚早」として不採択となっている[37]。銀座通りの地下を走行する地下鉄だけでは輸送力に限界があり、依然として地上における都電の必要性は高いというのが都の主張であった。
　その一方で銀座通連合会は、昭和31年から銀座通りの道路管理者となっていた建設省の国道工事事務所と歩道の再舗装を実現させるための協議を進めていた。昭和38年8月には翌年に控えた東京オリンピックまでの実現をめざして関係省庁への陳情を行い、東龍太郎都知事との会談を経てオリンピックまでの再舗装を実施するとの確約を得た。当初銀座通連合会は新たな舗装に御影石を用いることを望んでいたが、その場合は銀座通連合会側が2億円を負担する必要があるとの回答を受けたことや、完成後の掘り返しが困難になることなどから断念し、カラーアスファルト舗装とすることで合意した[38]。カラーアスファルトの色彩の決定権は銀座通連合会に与えられ、服飾デザイナーで日本デザイナー協会理事長でもあった木村四郎常務理事が、歩行者の服装の色彩や沿道の建築物との調和という観点から「ピジョン」（ベージュ系）の採用を決定した[39]。これは土木分野の専門家には見られない、

5. 戦後に再開された運動における問題意識の継承　　121

図3-10 会報に掲載された主張
（昭和39年）
アメリカの事例を用いて屋根のない地下鉄
出入口の価値を説いた。
『会報』昭和39年第2号

図3-11 会報の啓発文（昭和39年）
『会報』昭和39年第5号

服飾デザイナーであったからこそ見出された視点ともいえる。工事はオリンピック前の8月24日に完了し（写真3-18）、合わせて旧歩道のタイル舗装によってハイヒールを傷めた来街者に新しいハイヒールを贈呈する「歩道完成靴まつり」も行われた。

このように、オリンピックの開催は戦前期と同様に地元商店主らの都市空間デザインへの関心を高めることにつながったということがわかる。そして銀座通連合会の会員に向けて発行されていた会報には「アメリカ式のギンザでもいけない、フランス式のギンザダメ、日本のギンザに世界中の人が集ってくる日がもう近い」というコピーが掲載されるなど、銀座は欧米都市の模倣ではなく日本を象徴する街であるべきという自負が見てとれる[40]。しかし和風建築をはじめとする日本趣味の街並みを志向する視点はここでも提示されず、前述の「プロムナード」をめざす方向性の延長として、御影石舗装や植樹帯などが希求されたのであった。

また会報には組織内の議論から生み出された主張や取り組んだ運動の報告なども掲載されている。当時銀座通りと交わる晴海通りの地下では地下鉄日比谷線の乗入れと「銀座総合駅」開業のための工事が進められていたが、これに対し銀座通連合会が中心となって組織された「銀座地下路線工事対策会」は、通りの見通しが悪くなり街並みを害するとして、歩道に新設される昇降

口に屋根を設置しないよう働きかけを行っている。会報には「欧米の地下鉄出入口にはこの写真のように屋根がありません。これをまねるわけではありませんが、銀座の地下鉄出入口も屋根なしで一工夫していただきたいものです」という文章が掲載されるなど、共有された空間像がこのような媒体を通して会員全体に発信されていたことがわかる（図3-10）。またカラー舗装の実施とオリンピックを契機として、都市美に対する高い関心を持つよう促す啓発文も掲載されている（図3-11）。

(3) 祝祭空間としての銀座通りの模索と大規模改修

　昭和38年12月、銀座通連合会の常務理事会で木村常務理事が、近い将来に銀座通りを舞台とした車両通行止めを伴う大規模行事を開催したいという提案を行った。そしてオリンピック終了後の昭和40年1月には、木村が委員長を務めていた「銀座オリンピック協力委員会」を「催事委員会」として常設化させて構想立案を進めていくことが決定した[41]。合わせて木村は銀座通りの歩道におけるアーケードの整備を提案し（図3-12）、銀座通連合会の内部で大規模行事の開催と道路の空間デザインに関する議論が並行して進められるようになった。アーケード構想は雨天時の来街者に対するサービス向上を主目的として立案されたものであったが、常務理事会の議論においては「アーケードなど場末趣味である」「個性的な建物を隠してしまう」といった意見も出された。そこで雨天時のみに使用する可動式の折りたたみアーケードとして検討していくことになり、これに基づいて図3-13のようなイメージ図がメディアに発表された。そして昭和41年5月10日の常務理事会で「支柱は建物側のみに立てる」「歩道の建物側半分までの幅とする」「布製にして軽量化する」という基本方針が決議された[42]。10月に実施された会員に対するアンケート調査では有効回答145件のうち122件の賛成意見が寄せられたが、銀座と縁が深い大成建設に依頼した設計案では工費が2,000万円にものぼることや、常務理事会内での合意形成が進まなかったことなどから、この構想は正式に採択されることなく棚上げとなった。当時の銀座通連合会は道路空間の整備に対して積極的であり、全国で流行していたアーケードの設置については会員全体では賛成する声が大きかった。しかし組織の意思決定機関である常務理事会においては、アーケードが銀座通りの空間イメージにふさわしくないという主張も根強く存在していた。これらの経緯から地元商店主らの間には、時代の最先端を進むことを志向する中でも、世間で流行しているアイデアを慎重に見極め、自らの街にふさわしいか否かを判断する姿勢が見られたことがわかる。

図3-12 アーケード構想を
報じる記事（昭和40年）
組織の内部で意見の相違が
見られることが伝えられた。
読売新聞 1965 年 10 月 13 日朝刊

図3-13 アーケードのイメージ図（昭和40年）
銀座通連合会の描いたイメージ図が新聞に発表された。
可動式のアーケードであることが図中の説明から見てとれる。
東京新聞 1965 年 11 月 21 日朝刊

　その一方で、同じ時期にはそれまで停滞していた都電の廃止に向けた動きに急展開が見られた。当時東京都は自動車の増加に伴う走行スピードの低下、軌道補修費の増加、乗客の減少などの影響から都電の経営に関して大きな財政的問題を抱えるようになっていた。そして昭和 42 年に策定された財政再建計画において、ついに「外部環境の変化で大衆輸送機関としての役割を果たせなくなった都電は廃止する」という文言が盛り込まれたのである。その中では銀座通りを走行する都電銀座線が昭和 42 年度に廃止する系統として指定された [43]。これを受けて銀座通連合会は、同年 5 月に改めて都電の廃止を求める請願書を都知事・都議会・都交通局に提出した。この嘆願書は当時企画立案が進められていた行事「大銀座祭」の実行委員会において取りまとめられたものであり、銀座通りの道路空間に関する議論が大規模行事の構想と一体となって進められていたことがうかがえる。そこには交通的な観点に加えて「町の美観を損ねている」という表現が用いられ、7 月 4 日の常務理事会において、廃止が正式に決定した場合には軌道撤去後の道路整備について国道工事事務所と連携を密にしていくという方針が決議された [44]。銀座通連合会は都電の廃止をきっかけとして銀座通りの改修につなげていきたいと考えており、7 月 20 日の都議会で銀座通りの都電廃止が決定すると、8 月 4 日にはさっそく国道工事事務所に対して「一般国道 15 号線（通称銀座

通り）の歩道補修に関する陳情」を提出している。そしてこれに対し、国道
工事事務所が車道と歩道の全面改修を実施し共同溝の新設に取り組む方針で
あると回答したことで、戦前期から目標としてきた都電の廃止と電柱の撤去
が同時に達成される見通しがついたのであった。

　当初国道工事事務所はコンクリート平板によって歩道の再舗装を実施する
と表明していたが、これに対して銀座通連合会は都電の敷石に利用されてい
る御影石を歩道の舗装に転用することを提案した。10月11日に提出された
陳情書には「御計画のコンクリート平板舗装に比し御影石敷には多額の経費
を要するやに伺っておりますが、当銀座積年の希望である御影石敷が実現い
たしますことなら、本会に於て負担させて頂」くと記されている[45]。都電
の廃止後、敷石を含む軌道財産は東京都から建設省関東地方建設局長に譲渡
されることになっていたため、銀座通連合会が通常の舗装を実施した場合と
の差額である5,000万円を負担すると申し入れ、同会が前回の再舗装の際に
一度断念した御影石舗装が実現することとなった。

　このように銀座通連合会は銀座通りの街路空間整備に向けた運動を展開す
る中で、行政当局に対しても強い意思表示を行ってきたが、一方で街路樹の
扱いに関しては明確な方針を有していなかった。当時の街路樹であったヤナ
ギは地下水の水位低下や排気ガスなどの影響で戦前と同様生長不良に陥って
おり、晴海通りのヤナギが地下鉄工事に際して1962年に撤去されたことを
契機に、他の樹種に変更するべきか否かという議論が生まれた。維持管理
の難しさから年に10本程度を改植しなければならない状況にあり、会員に
対するアンケート調査でも半数以上が撤去に賛成していた。また銀座通連合
会の内部では、近代的なビルによって形成される街並みにヤナギが合わなく
なったという意見も挙がっており、当時共有されていた銀座通りの空間イ
メージや将来像と現状の街路樹との間に大きな乖離が存在すると認識されて
いた。常務理事の植草圭三（銀座あけぼの創業者）は新聞の取材において「か
わら屋根、二、三階建ての町なみならヤナギもふぜいがあるが、高層ビルに
はどうですかね」とコメントしている[46]。その一方でヤナギに強い愛着を
見せる会員もおり、街路樹を所有する国道工事事務所も「わざわざ都会の緑
を取り除く必要はない」と撤去に消極的な姿勢を示した。このように地元に
おける意志の統一が進まない中で、常務理事会は昭和42年8月、銀座通り
の改修を国道工事事務所に求めるための交渉材料として「街路樹と街路灯の
処置を当局に一任する」ことを決議した[47]。これを受けて国道工事事務所
は衰弱したヤナギを改修工事の期間東京都日野市に移植することを決定し、
移植後も状態が改善しなかったことから、翌年6月には街路樹を一新して

写真 3-19 大改修が実施された銀座通り（昭和 43 年）
電柱の撤去や御影石舗装、シャリンバイの植樹などが行われ、歩道の地下には共同溝が埋設された。銀座通連合会提供

低木であるシャリンバイを植樹するという方針を銀座通連合会に伝えた。そして常務理事会がこの決定に対して「全面的に賛意を示す」ことを決議したことで、昭和 7 年の再植樹以来 36 年間銀座通りに植えられてきたヤナギは姿を消すこととなった[48]。ヤナギの撤去に反対することを目的として設立された銀座通連合会は、都市美運動が展開された昭和 11 年に引き続き自らヤナギに別れを告げることを許容する決断を下したのであった。

　銀座通りの改修工事は都電が廃止された昭和 42 年 12 月 9 日から実施され、翌年 10 月 11 日より開催される「明治百年記念大銀座祭」までに歩道の拡幅、御影石による舗装、新しい街路樹の植栽、街路灯の新設、電柱の撤去、共同溝の整備などが実現した（写真 3-19）。「大銀座祭」では、計画当初からめざしていた車両通行止めについて、総理府の後援を得ることで警視庁との交渉を有利に進めようと企図し、これによってパレードのための道路使用に許可を得ることに成功した。開催期間中、銀座通りでは 30 台の花自動車を用いた「光のパレード」をはじめとする 3 回のパレードが行われ（写真 3-20）、また同じく道路空間を利用した催事として、歩道にワゴンを並べた販売イベント「銀座ワゴンセール」が企画された（写真 3-21）。これは昭和 26 年にGHQ の命令によって廃止された露店を現代的解釈によって復活させる試み

126　　3 章　銀座を語る「場」と語られる銀座のイメージ形成史

写真3-20 「光のパレード」の様子
（昭和43年）
銀座通連合会提供

写真3-21 歩道で行われたワゴンセール
（昭和43年）
銀座通連合会提供

として構想されたが、実施に対しては警視庁から反対が表明され、歩道における歩行者の混雑や露店復活の動きを生みかねないとの懸念が示された[49]。露店の廃止以降、歩道上での商行為を伴うこのような催事は行われてこなかったが、銀座を管轄する築地警察署との協議の末、建物の前面にワゴンを配置することで店舗敷地の延長における「商習慣である荷台の出張り」であるという解釈によって黙認されることとなった。警察との交渉においては、電柱やヤナギの撤去、歩道の拡幅などによって生み出された開放的な空間が、安全性の確保という点における大きな説得材料となった。このように銀座通連合会が取り組んできた都電の廃止と電柱の撤去に向けた運動は、国道工事事務所による銀座通りの改修事業を通して実現に至った。そして地元商店主らの主張が多く反映された新たな道路空間では、車両通行止めを伴うパレードや歩道における「ワゴンセール」などが開催されて、新たなアクティビティも生み出された。空間デザインの事業主体はあくまでも国道工事事務所であったが、継続的な協議によって地元商店主らの間で共有されていた銀座通りの空間イメージが具現化されたことがこれらのプロセスから理解できる。

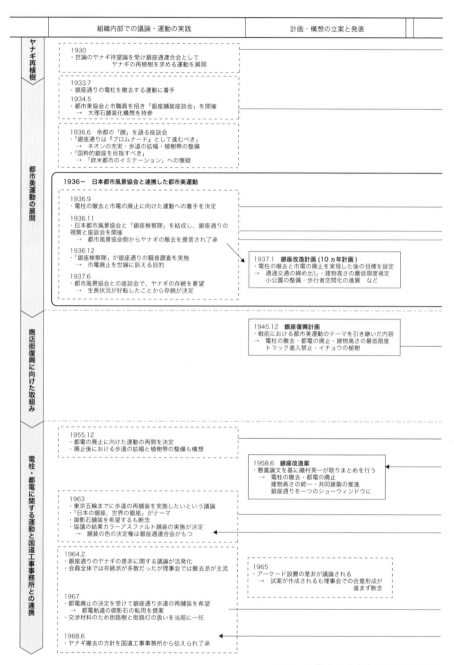

図3-14 銀座通連合会による都市空間

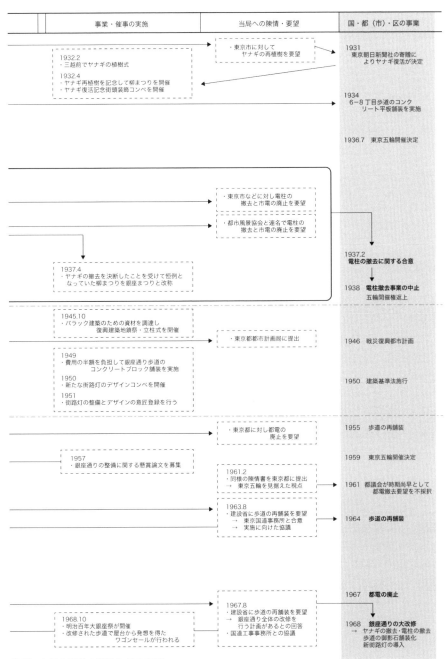

整備に向けた運動の構造とその変遷

5. 戦後に再開された運動における問題意識の継承

6. 議論と運動の連続性から見出される新たな歴史的文脈

　本稿では銀座の商店主らが1930年代から1960年代にかけて取り組んだ銀座通りの空間デザインに向けた運動の展開を追ってきた。そしてそのプロセスにおいて共有されてきた問題意識や空間像の変化に注目すると、1930年代の都市美運動においてめざされた電柱の撤去や路面電車の廃止などが戦後に再開された運動でも中心的課題として掲げられていた（図3-14）。特に戦災によって沿道建築物の大半が焼失した状況で立案された復興計画においても、戦前に議論されたテーマが盛り込まれていたことは注目に値する。1960年代に実施された都電の廃止や銀座通りの大改修は東京都や建設省国道工事事務所によって行われた事業であったが、銀座通連合会の積極的な運動により彼らが継承してきた街への意識が実際の整備に大きな影響を与える結果となった。

　銀座の地元商店主らは、1930年代の段階で道路空間と建築の壁面によって構成される領域の視覚的「美」に対して高い関心を示し、その視点が次の時代に引き継がれていったのであるが、長きにわたる銀座通連合会内部での議論において自らの街の「過去」が意識されることはほとんどなかった。その眼は常に「未来」に対して向けられ、そこで共有された銀座通りのあるべき空間像が継承されることによって連続的な議論のコンテクストが生み出されていった。彼らはそれぞれの時代で独自の構想立案などを通して理想とする街のイメージを掲げながら、並行して現実的なアプローチとして行政当局への陳情や国道工事事務所との協議などにも取り組み、自らの思い描くイメージを空間化させる努力を重ねてきたのである。

　このように人々の街に対する意識が戦前から戦後へと連続性をもって継承された背景には、銀座通連合会という大きな力を有する商店街組織が銀座を語る「場」としての役割を果たし、多くの建物が失われて焦土からの再出発となった戦災復興期においてもその環境が保たれていたということが大きな要因として存在する。それぞれの商店主が自らの街に対して抱いている問題意識は銀座通連合会という組織を介して共有され、そこでの議論を経て構想立案や行政当局への働きかけなどにつながっていった。そしてこのような枠組みが継続的かつ安定的に存在していたからこそ、後の時代における「銀座ルール」をはじめとした時代の変化に対応する新たなしくみづくりが可能となったと考えられる。

　本稿では銀座の人々が取り組んだ運動の中で展開された議論の蓄積に価値を見出すことで、これまで「開発史」という観点から捉えられてきた街の歴

史の裏側で脈々と紡がれてきた「まちづくりの精神史」とでも呼ぶべきもう一つの歴史的文脈の存在を明らかにした。確かに戦前からの歴史において、銀座通連合会が自らの手で生み出した都市空間は多いとはいえない。彼らの運動がこれまで注目されてこなかったのは、その成果が実際の空間として目に見える形で表れることが少なかったからであろう。しかし挫折の繰り返しともいえるこのような運動の歴史は、空間デザインの専門家ではない地元の人々が自らの街をつくり上げようと試みてきた時間の蓄積が確かに存在することを今に伝えてくれる。「銀座ルール」などに表現されている現在の銀座のイメージは、紆余曲折を経て蓄積された地元の人々の議論の上に存在しているということに気づかされるのである。そして今、また私たちが自らの街を語る「場」をつくり、皆で街のあるべき姿を共有することは、その豊かな歴史的文脈を次の世代に引き継いでいくための大きな一歩となるはずだ。

謝辞

銀座通連合会とのご縁は平成 27 年に始まり、以降貴重な内部資料に接する機会をいただいた。本稿への活用を快諾してくださった竹沢えり子事務局長ほか銀座通連合会の皆様に心から感謝の意を表します。

註・参考文献

1）読売新聞 1920 年 8 月 4 日朝刊。
2）東京都中央区編（1958）『中央区史・中巻』中央区役所。
3）初田亨（2004）『繁華街の近代 都市・東京の消費空間』東京大学出版会。
4）藤森照信（1982）『明治の東京計画』岩波書店。
5）初田亨（2006）「銀座・中央通り 街並み立面図」、三枝進ら（2006）『銀座 街の物語』河出書房新社。
6）岡本哲志（2003）『銀座 土地と建物が語る街の歴史』法政大学出版局。
7）東京都中央区編（1958）『中央区史・中巻』中央区役所。
8）藤森照信（1993）「銀座の都市意匠と建築家たち」 資生堂企画文化部編『銀座モダンと都市意匠』pp.6-39。
9）岡本哲志（2003）『銀座 土地と建物が語る街の歴史』法政大学出版局。
10）竹沢えり子（2007）「『変化』しつつ銀座らしく」季刊まちづくり（14）pp.20-21。
11）中央区（2005）「地区計画の手引き 新しい銀座のルール」。
12）「銀座デザインルール」にはデザインガイドラインとして「銀座全体に共通する街の特徴」「通りの空間構成に対する考え方」「銀座デザインの方向性」などの項目が設けられ、銀座における都市形成史の概略から建築設計におけるデザインの留意点に至るまで多岐にわたる内容が記載されている。
13）銀座街づくり会議・銀座デザイン協議会責任編集（2011）「銀座デザインルール 第二版」。

14) 東京市広報 1930 年 8 月 26 日。

15) 東京朝日新聞 1932 年 3 月 17 日朝刊。

16) 読売新聞 1934 年 2 月 18 日朝刊。

17) 中島直人（2009）『都市美運動 シヴィックアートの都市計画史』東京大学出版会。

18) 読売新聞 1936 年 9 月 9 日朝刊。

19) 玉木彌市（1936）「街の老舗は語る 銀座の居間と昔」実業の日本 39（11）pp.40-41。

20) 東京日日新聞 1936 年 10 月 6 日朝刊。

21) 東京日日新聞 1936 年 10 月 18 日朝刊。

22) 中島直人（2009）『都市美運動 シヴィックアートの都市計画史』東京大学出版会。

23) 橡内吉胤（1931）「欧州都市に見る散歩道の魅力」読売新聞 1931 年 11 月 7 日朝刊。

24) 報知新聞 1936 年 11 月 25 日夕刊。

25) 橡内吉胤（1932）「銀座の柳」『科学雑誌』16（3）pp.112-114。

26) 東京日日新聞 1936 年 12 月 8 日夕刊。

27) 東京朝日新聞 1937 年 1 月 21 日朝刊。

28) 読売新聞 1938 年 6 月 29 日朝刊。

29) 保坂幸治（1963）「銀座の回顧」『月刊銀座』1（1）p.7。

30) 朝日新聞 1951 年 1 月 21 日朝刊。

31) 保坂幸治ら（1950）「銀座の商店主 大いに銀座を語る」『商業界』3（8）pp.24-30。

32) 朝日新聞 1955 年 12 月 15 日朝刊。

33) 読売新聞 1957 年 9 月 28 日朝刊。

34) 保坂幸治（1959）「うつりかわる都心商店街の動き」東商（149）p.26。

35) 磯村英一（1954）「銀座の生態を語る」銀座通連合会「銀座清聴会」録音テープ。

36) 銀座通連合会他（1959）「路面電車銀座線移撤去に関する陳情」。

37) 読売新聞 1961 年 3 月 18 日朝刊。

38)「歩道特報」『銀座通連合会会報』2（1）p.9、1964。

39)「銀座通連合会常務理事会議事録」1964 年 4 月 14 日。

40)『銀座通連合会会報』2（4）p.8、1964。

41)「銀座通連合会常務理事会議事録」1965 年 1 月 12 日。

42)「銀座通連合会常務理事会議事録」1966 年 5 月 10 日。

43) 佐藤秀一（1968）「銀座通りの改修」『道路』（329）pp.77-80。

44)「銀座通連合会常務理事会議事録」1967 年 7 月 4 日。

45) 銀座通連合会（1967）「国道十五号線（通称銀座通り）の歩道改修に関する陳情」。

46) 読売新聞 1968 年 2 月 9 日朝刊。

47)「銀座通連合会常務理事会議事録」1967 年 8 月 1 日。

48)「銀座通連合会臨時常務理事会議事録」1968 年 6 月 27 日。

49) 朝日新聞 1968 年 7 月 10 日朝刊。

4章

理想的田園居住を求める
城南住宅組合の歴史とまちづくり

中島　伸

1. 城南住宅組合の90年の住環境保全活動

(1) 日々の暮らしの中でまちづくりの歴史を考えること

　近年のまちづくりにおける歴史をテーマにした取組みの多様化が見られる。1960年代より本格化する歴史的市街地での町並み保全をテーマにしたまちづくり運動に限らず、市民主体のまちづくりにおいて、住民自身が主体的に地域の歴史を調べて、これまでの地域の成り立ちをよく理解した上でまちづくりの方向性を議論するなどの活動に取り組むことは普遍的なアプローチになりつつあるといえるだろう。地域の主体的な環境改善がまちづくりなのだとすると、歴史的な視座からまちづくり（計画的実践）を捉えることとは、現在この瞬間に「今日このまちの転換点」を与える作業にほかならない。

　また、まちづくりが日々の暮らしを持続していくことに着目すると、まちづくりは動態的な都市保全のアプローチをとっていくことが主流となるだろう。大胆な変化ではなく、自分たちの手の届く範囲で環境改善をしていくことになるからである。そうすると、持続可能な社会実現のための歴史視座とは、ともすると大きな転換点を与えることではなく、絶えず繰り返される暮らしの時間軸を歴史的に認識することでもある。歴史叙述の最もシンプルな方法の一つとして、画期を検討することが挙げられる。過去から未来に続く直線的な時間軸において、前期と後期に分けること。その歴史的転換点を見出し、前期と後期の違いについて考察することが歴史叙述となる。まちづくりの活動の転換点を住民とともに考察することが本稿の課題である。そして、一方で、地域では日々の暮らしという絶えず訪れる今日、明日という円環された時間軸の中にある。この直線的歴史と円環的日常の中でまちづくりの歴史について考えることがいかに可能か。

　本章は、東京都練馬区城南住宅組合という郊外住宅コミュニティの住環

写真4-1 収蔵されていた城南住宅組合の記録資料　　写真4-2 城南住宅の良好な町並み

　境維持のためのまちづくり活動とその90年を越える歴史について論じる[1]。現在の城南住宅組合のまちづくりにおいて、自らの歴史を振り返ることは住環境を維持するこれからを展望する上でも重要なテーマとなっている。そこでは、直線的時間観によるまちづくりの歴史についての検討を住民とともに協働しながら実践してきた。そして、絶えず反復される円環的時間観による暮らしの持続可能性を保持する実践が見出された。この輻輳する時間軸の両面から、まちづくりを捉えてみたい。

　ここでまず筆者が、城南住宅組合に知遇を得た経緯について触れておきたい。2010年、当時城南住宅組合の立地する練馬区の外郭団体である練馬区環境整備公社練馬まちづくりセンター（当時）の専門研究員として、地域のまちづくり活動支援をしていた。そこで、城南住宅組合の良好な住環境を維持するためのまちづくりの相談を受けたことがきっかけである。そこで、いつものように組合のクラブハウスを訪れた時に、城南住宅の組合活動の記録資料が保管されていて、これをどうにかまちづくりにつなげられないかという相談を受けたのだった。組合設立当初の記録から相当量の資料が保管されていることがわかった（写真4-1）。若干の整理はされていたが、ほとんどが未整理に近い状態であった。筆者はまちづくり活動を支援する業務にあたる傍ら、博士課程に在籍していた学生でもあり、城南住宅組合の歴史をまとめる研究に数人若手研究者と研究グループを組織して、まずは城南住宅組合の組合活動の歴史を明らかにすることにした[2]。そして、この歴史研究の活動は、組合の方たちとの協働研究という側面も大事にすることになった。かく

134　4章　理想的田園居住を求める城南住宅組合の歴史とまちづくり

写真4-3 城南住宅組合住宅地の現況　　筆者撮影

して、組合員の方たちとともに現在に至るまでの活動の全体像を歴史研究として明らかにし、それが良好な住環境形成、維持に果たした役割を明らかにするとともに、それらをデジタルアーカイブ化することで地域住民に還元する活動を組合と協働して実践につながっている。

(2) 城南住宅組合の概要

　東京都練馬区向山に立地する城南住宅は、大正13 (1924) 年に地主から組合員12名が共同借地した土地に、都市生活の中では得難い理想的な田園生活を実現するべく開発された7 haの住宅地である（写真4-2）。この理想的な田園生活とは、組合設立時から謳われた目標であり、今もこの理念の下に組織は活動を続けている。共同借地は、地元の複数の地主に地主組合を設立し貸主組織をつくり、借主側（ここでは城南住宅組合）も組合組織をつくり、任意の組合同士による借地契約を結んだのが始まりで、当初は44区画であった。城南住宅の名前の由来は、住宅地の北側にある旧豊島城（現在の豊島園）の南側ということで城南と名づけられた。設立から90年以上が経った現在でも組合活動を続け、住環境の面ではサクラや連続する生垣など豊富なみどりを有した良好な住宅地を維持しており（写真4-3）、2012年住まいのまちなみコンクールでは国土交通大臣賞を受賞している。この背景には城南住宅組合が、環境維持のために建築時に組合の承認を必要とする「組合規約」を発足当時から設け、2009年には組合規約を補完する「城南住宅すまいとみどりの指針」を自主ルールとして定めるなど、良好な住環境に寄与する住宅

1. 城南住宅組合の90年の住環境保全活動　　135

づくりに取り組んできたことがある。

　西武鉄道豊島園線豊島園駅を降りて、遊園地「としまえん」の入口を西に向かうとみどりで覆われた住宅地が現れる。そこが城南住宅である。城南住宅の住宅地に入る時に一度、急坂を下り、上らなくてはいけない。地元では、「どんぶり坂」とも「どんぐり坂」ともいわれている。これは、石神井川に注ぐ湧水がつくる谷戸の名残である。城南住宅の中には大きく二つの谷戸があり、起伏ある地形に立地した住宅地となっている。そのため、この豊かな起伏に重層的に見える敷地内のみどりがとても印象的である。左手には、谷戸地形を活かして、水を湛えた池のある練馬区立向山庭園がある。坂を上り終えるといよいよ城南住宅組合の住宅地に入る。城南倶楽部という組合のクラブハウスが立地していて、地区の中心となる南北の通りは、両側の住宅地の庭先からのびるサクラがトンネルのように覆っている。春先に、満開となった時には、地域の名所として、城南住宅区域外の周辺住民も散歩に訪れる。敷地規模はゆったりとして、みどりの多い閑静な住宅街である。

　城南住宅組合は、1924年2月28日に組合員41名で設立された。準備に奔走した中心人物は、1883年山形県米沢生まれの医師小鷹利三郎で、組合員に山形県米沢出身者が7名で、この中には東京帝国大学で帝都復興を主導した佐野利器もいた。職業別に見ると医師が9名と最も多い。当時の住所は小鷹と堀田（初代理事長）の住んでいた駒込曙町、佐野の住んでいた大和郷の住民が各3名であった。組合設立時のメンバーで宣誓書が残っている39名のうち12名について、小鷹が保証人になっている。最初の土地案内図を見ると、小鷹が3区画借地しており、小鷹が設立においてかなり主導したことがうかがえる。城南住宅の区画割は1924年末には実施され、1925年7月には住宅組合活動の拠点となる倶楽部兼事務所が竣工している。しかし、組合員が初めて住宅を建設したのは1927年のことだったとされている。同年10月には豊島園の開園に伴い武蔵野鉄道の分線が開通し、交通の便が良くなることが背景にあると考えられる。住宅の建設状況について見ると、1929年には21区画に24棟あったものが、8年後の1937年には39区画に50棟とほぼ倍増している。このうち1929年に自身が住んでいたことが確認されている組合員は3名、1937年では15名となっている。

住宅組合とは

　ここで簡単に住宅組合とは何であるか、その概要を整理しておきたい。住宅組合法（法律第66号）は、大正10（1921）年4月12日に施行され、中産階級の人々が自ら組合をつくり、互助的に住宅を建設し、組合員に住宅を供給することをねらいとした。住宅組合法制定当時の社会局長田子一民[3]によると、

136　4章　理想的田園居住を求める城南住宅組合の歴史とまちづくり

元来住宅問題として、①細民住宅の改善を図ること、②高い家賃に苦しめられてその一生涯家屋の所有ができない者を保護して、家屋を所有せしめること、③全国民の精神と経済とを結びつけた、家屋改良を図ること、の3点を取り上げており、住宅組合法は②の解決策として位置づけられ、ここでの「供給」という字句には、住宅の貸付だけでなく所有権の譲渡も包含されており、貸付は譲渡に至る過程であるとされた。そのため、住宅組合はこの目的を達するために、「住宅用地の取得、造成、借受。組合員に対する住宅用地の貸付、譲渡」「住宅の建設または購入」を行えることとした。低利融資や基準以下の住宅には税金の減免措置などがあった。

　全国の組合数の推移を、加瀬（2007）[4]から見ると、住宅組合法が制定された翌年の1922年10月には全国で298組合の住宅組合が設立され、住宅組合数は1930年に2635組合に達して以降、ピーク時（1938年）の3060組合まで425組合の増加に過ぎず、1930年代に入ると1920年代の普及の勢いが失われたことがわかる。また、同じく、加瀬（2007）の住宅組合の諸タイプには、「A：富裕層を組合員とする事例」と「B：中堅層を組合員とする事例」、「C：低所得層を組合員とする事例」が挙げられており、城南住宅組合は、Aタイプに分類されている。しかし、筆者らの調査では城南住宅組合が住宅組合法に基づき設立時に融資を受けていた記録等は見つからず、住宅組合法による住宅組合として設立したかは定かではなく、任意団体として設立した可能性が高いといえる。

(3) 住環境を保全するための自主ルール

　城南住宅組合では、その理想的田園居住実現のために組合で設定された環境維持のための取決めが、組合設立時から組合規約として設けられている。そこでは都市計画の法的ルールではなく、地域自治として自らの住環境を自らの手で守ろうという意思がある。組合規約はこれまでに数回改訂されているが、基本的には一貫して、組合地区内での建築行為に対して、組合内で事前確認して承認の上で建築されている。

　現在では、「城南住宅すまいとみどりの指針」として、「敷地」「建物」「まちなみ〜緑化〜」の3点を主な指針として定めている（図4-1）。「敷地」は、「最小敷地面積が250㎡（例外規定あり）であること」を取決めとして、「敷地の高さは既存建物の地盤高さまでとすること」を提案としている。同様に「建物」では、「一戸建て専用住宅が原則」を取決めに、隣の家の建物との間隔を民法の規定（50㎝）以上とする」ことを提案としている。「まちなみ〜緑化〜」では、道沿いの緑化について定め、建物・車庫・物置・擁壁などの工

1. 城南住宅組合の90年の住環境保全活動　　*137*

作物が直接道路に面し、まちなみからみどりの連続性が失われることを避けるためにいくつかの基準を設けている。取決めとしては、「たとえば、道路と宅地との境界部に生垣かそれに類する植栽を行うこと」があり、「提案」としては、「たとえば、車庫・駐車スペース・擁壁などについて緑化のさまざまな工夫をすること」などとなっている。組合員はこれらを守ることで、相互に住環境を維持することができているのである。

図4-1 城南住宅組合リーフレット
城南住宅組合提供

2. 組合活動の歴史的転換点を探して

(1) 城南住宅の歴史を解明する研究

住民とともに研究する

　かくして筆者たち研究グループは、城南住宅組合の膨大な記録資料に向きあい、城南住宅の歴史研究に着手することになった。この研究は、城南住宅組合を対象に組合活動を通時的に分析し、住環境を下支えしてきた土地所有の状況など明らかにすることで、住環境の形成・維持へとつながる住民主体のまちづくりへの知見を得ることをめざした。同組合の住環境は、これまで明らかにされてきたような先述の組合規約の存在によってのみ守られてきたものではない。そこではすでに草創期から行われてきた親睦事業など、現在でも課題とされるコミュニティ醸成の試みが先駆的になされており、社会環境の変化等を乗りこえて、主体性を持ちながら住環境を守り育てていく技術が内包されている点で、現在のまちづくり活動が学ぶべきことは多いと考えた。

　そこで本研究は、組合所蔵の一次史料の精読によってこれまで明らかにされてこなかった城南住宅組合の活動実態と組織体制について分析を試みた。分析に用いた主な史料として、『城南住宅組合庶務部記録 1924年〜1934年／1935年〜1939年』や『組合日誌 1956年〜1959年／1960年〜1962年』等の簿冊化された史料や、組合員同士の情報連絡誌である『組合だより』(1976年

～現在）などがある。これらの史料は、体系的に整理保存されるまでには至っておらず、今回の研究は残された貴重な資料群をアーカイブ化することを試みるものであり、それを地域住民にいかに還元していくかという点では現在進行中のまちづくりの試みでもある。また、史料分析を補完するために、組合関係者へのヒアリングを実施した。ヒアリングは、グループヒアリング、ワークショップ形式の座談会など複数回実施した。こうした活動は、単なる調査という意味合いではなく、歴史研究を住民の方たちと協働して行うことを意図して行われた。研究を始めるにあたって組合の理事の方たちからいわれたことは、「組合の歴史資料を研究者に提供して、その成果をただもらうのではなく、組合自らの歴史は組合自ら理解し、記していくことではないか」ということであった。そこで、ともに資料を読み解くこと、資料の背景となる生活者の記憶を共有する会を設けることが決まった。

　これらのワークショップ形式のヒアリング作業と並行して、研究はまず、城南住宅組合および住宅組合の制度概要を整理し、城南住宅の特徴を概観することから始めた。そして、住宅地の変遷を辿るために、旧土地台帳に着目し、城南住宅における組合設立期から高度成長期に至る土地利用と所有の変遷を明らかにすることを行った。また、組合組織の変遷と環境保全活動、組合規約の変遷など住環境保全運動の全体像をまとめ、これらの活動を支えたクラブハウスの実態と親睦、その他の活動から近年の動きまでを整理し、90年に及ぶ組合活動の現況を考察した。本稿でもそこでの成果を参照しつつ、組合活動の歴史的転換点を探した過程について論じたい。

(2) 理想的田園居住実現のための活動

　大正末期に城南住宅組合は、豊島園の南側の農村の外れに住宅地を求めた。現在でこそ周辺の住宅開発の波に飲まれて、一見するとその範囲はわかりにくいが、もともとは周囲に宅地はなく、島状に浮かぶ住宅地であった。さらに組合設立当初は、都心に本宅を持っていた組合員たちは休日に農園利用しており、さながら別荘地のような利用が主であった。

　後述の作業は、土地利用と土地所有の実態の変遷とその画期を見出すことにあった。ここではそのために城南住宅組合が借地契約を結んだ敷地を対象に、それらが宅地化されるまでの土地利用の変遷と、現在の738筆に分筆（および統合）されるまでの土地所有の変遷を分析した。具体的には旧土地台帳と不動産登記情報を閲覧し、地目が宅地に変更される時期を確認するとともに、所有権に関する事項（年月日、事項、所有者名など）を記録した。なお、二筆については「登記事件の処理中」ということで登記情報の閲覧ができな

かったため、以下はこの敷地を除いた集計となっている。

別荘地から住宅地へ（組合設立から戦後直後）

　図4-2はこれまでに存在した敷地全852筆の宅地化状況を年度別に示したものである。対象地には当初63筆の敷地が存在し、それらが分筆されたり統合されたりすることで現在の738筆に至っている。ここではすでに統合されてしまった敷地も含め、対象地に存在した敷地全852筆の宅地化時期を集計した（登記簿のデータが一部得られず宅地化時期が不明な敷地が存在するため、合計で738筆となっている）。ここからは城南住宅組合が設立されてから、1928年くらいまでしばらくは宅地化した敷地はわずかに5、6筆で、大半は山林か畑、一部に雑種地、公衆用道路地だったのに対し、1930年に一挙に210筆の土地が宅地化していることがわかる。そして、以後、1934年にかけて特に1940年から1944年にかけて、戦後直後の1946年から高度経済成長の始まっていた1961年にかけては毎年増え続け、以後はその増加が鈍り単発的に増えていく様子がうかがえる。

　ただ注意しなければならないのは、土地利用上は宅地化が進んでも、実際の居住者はまだ少なく、いわば見せかけの宅地化の時期があった点である。表4-1で各年度の組合員名簿から城南住宅組合の敷地内に住所を有してい

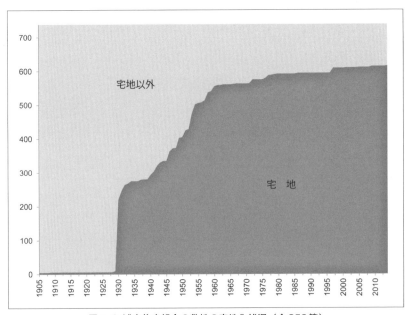

図4-2　城南住宅組合の敷地の宅地化状況（全852筆）

表4-1　城南住宅組合敷地内に本宅を構える組合員数の変遷

和暦　　(年)	昭和4	昭和6	昭和18	昭和21	昭和25	昭和26	昭和29	昭和30	昭和34	昭和37	昭和49	昭和59	平成2
西暦　　(年)	1929	1931	1943	1946	1950	1951	1954	1955	1959	1962	1974	1984	1990
本宅数	11	18	33	42	48	52	53					110	
組合員数（人）	47	50	49	50	54	59	60	56	71	77	97	110	115

た組合員の数を調べた[5]。ここから少なくとも1931年までは本宅を城南住宅組合内に構えた組合員は10人台で、全体の組合員約50人のうち約3割程度にとどまっていた。それが1943年には33人と6割程度、1946年には42人と約8割と増加し、以後、9割程度となり、少し間をおくものの、1984年には全組合員が本宅を構えるに至っている。特に戦中に自宅に変更する組合員が増えた様子がわかる。以上から、城南住宅組合の土地利用として、1930年に大きく宅地化が進み、一方、本宅化は少し遅れて、戦後直後にかけて進んだ様子がわかる。

地主の土地譲渡による組合の危機

　次に土地所有の変遷を見てみよう。図4-3は各敷地の分筆と統合を各年で集計し、その結果得られた各年別の敷地数を示したものである。対象地には当初、63筆の敷地が存在し、しばらく大きな変化はないものの、1925年に分筆により24筆増加し合計で96筆に、また、1933年と1951年にそれぞれ13、17筆増加し、合計で122、144筆となったのが目立つ。しかし、一番大きな変化は1956年で、83筆増加し合計で242筆となっている。以後は平均して約1年に10筆程度ずつ増え続け、現在の738筆に至っている。この1956年の敷地数の急増の背景には、1955年に地主組合との間の借地契約が切れたことがあり、契約切れに伴い、当初一部の地主は借地契約の解除を求めたり地代の値上げを求めようとする動きがあったことがある。結果的には地主のうちの一部は借地経営をやめて土地売却を行ったと考えられる。また、この間の目立つ土地所有の動きとして、戦前に武蔵野鉄道に大規模譲渡がなされているほか、1962年12月10日には練馬区への無償譲渡がなされている。前者は鉄道施設用地として、後者は私道だった道路部分の土地を譲渡したものと考えられる。

　一方、各年度の組合員の土地所有状況を示したのが表4-2である。これは組合員名簿の存在する各年度について、各組合員が土地を所有しているかを旧土地台帳、登記簿のデータと対照して、土地所有者の数を集計したものである。なお、【　】内の数は各名簿に記載されているB組合員、C組合員の会員数を合計したものであり、【　】の数値に比べ、表の数値が少なくなっているのは、土地のデータが一部取得できなかったことなどがあると考えられる。

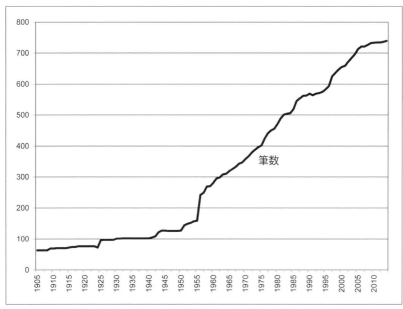

図4-3 城南住宅組合の敷地数の変化

表4-2 組合員の土地所有状況

和暦 (年)	昭和4	昭和6	昭和18	昭和21	昭和25	昭和26	昭和29	昭和30	昭和34	昭和37	昭和49	昭和59	平成2
西暦 (年)	1929	1931	1943	1946	1950	1951	1954	1955	1959	1962	1974	1984	1990
組合員数(人)	47	50	49	50	54	59	60	56	71	77	97	110	115
土地所有者数	1	1							2【4】	5【7】	10【21】	【13】	【85】

【 】は各名簿に記載されているB組合員、C組合員の会員数の合計

ここからは1955年頃までは組合員のほぼ全員が借地人であったことがわかる。組合はこの間、その契約を一括して対応していたのであり、この期間をいわば理念的土地共同経営の時代と呼ぶことができよう。一方、1959年頃から徐々に土地を所有する組合員が数人程度ずつ増えていく。前述したように1956年に急速な分筆が進むが、組合員が土地を所有するようになったのは、それから数年遅れてからであった。この数人程度ずつ増えていく傾向はしばらく続いたと思われるが、1984年から1990年にかけて、土地を所有する組合員は急増する。そして、1990年には8割近くの組合員が土地を所有するようになる。ここに至って、もともとの借地人組合としての性格は大きく変質し、土地所有者となった組合員の土地では個別対応をすることになっていく。

(3) 共同借地経営の綻びと組合規約改定による転換点

組合員数の変化

　城南住宅組合の組合員は、1923年の組合設立時の41名から2013年現在では176名と4.3倍にも増えている。第二次大戦後1946年までは、49名とさほど増加傾向にないが、その後の高度経済成長の間に倍増し、1978年には101名となっている。1983年の103名から2003年の20年間では、168名と1.6倍に増加している。これは、当初44区画からスタートした住宅地内での土地の細分化がある程度まで進んだことを意味している。

　また、組合長は初代堀田正由から25人が歴任している。在任期間は、平均3.7年で在職中に亡くなられて替わる例も複数見られた。戦前期は4名の組合長が担当し、終戦直後の組合長が1年から2年で交代する時代が1958年まで続くが、1958年に就任した14代目組合長高橋岩太郎氏から長期化し、組織運営が安定化したように見られる。近年では、2年1期として2、3期で交代する傾向が見られる。設立当初は転借地者であるA組合員が組合長であったが、AB（両方兼ねた）ではあったもののB組合員の島田氏が22代目組合長となった。2019年現在26代目組合長は、五味氏が務めているが、先代の25代目組合長の谷口氏は史上初のC組合員の組合長であった。この組合員種別は後述するが、共同借地経営の直接、間接の当事者ではない組合長が誕生した意味は大きかったと考える。

　一方で、C組合員の方たちは、区内でも有数の住宅地の一つである城南住宅に住宅を取得するということは、それなりに対価を支払って入居してきた人たちであり、C組合員は外部からの入居者であるが、一方でこの場所の居住環境の価値をよく理解して入居してきている人たちでもあるのだ。

組合種別の変更による大きな転換点

　1932年9月4日理事および評議員会で、「組合員外の居住者を準組合員として扱う件」が議論され、臨時委員会を設けて講究が決まった。この臨時委員会の詳細は不明だが、16日には住宅地居住者の調査が行われ、同年10月には「組合員 準組合員の皆様方」宛てに「坊ちゃんお嬢さん方へ御注意」という空気銃を用いた遊びなどを控えるよう通知があり、「準組合員」という言葉が用いられている。戦前の一時期「準組合員」という分類は、規約上の定めではなく、正組合員ではない家族といった意味で通称的に用いられていた。

　現在の城南住宅組合では、共同借地経営の組合として住環境を維持することを主目的に運営されており、現在ではA・B・C組合員の三つの組合員種別に準組合員という正組合員以外の種別による四つの組合員種別がある。

表4-3 城南住宅組合の主な出来事と敷地数の変化

年代	城南住宅組合の主な出来事（ゴシック：組合規約関連、明朝体：クラブハウス関連）	歴代組合長と組合員数の推移
1923(T12)	小鷹利三郎が中心となり南蔵院の所有地3万坪の借り受けを計画（南遊40余人）（組合の前身） 横誌より反発があり破談、上練馬村中宮の住人福田岩蔵と会見、交渉を開始（11月）	41名
1924(T13)	本郷東方町万金楼にて城南田園住宅組合創立総会を開催（2月） 組合側代表福田正由と地主側代表保戸塚岩蔵氏との間に土地賃貸借の仮契約を締結、 小鷹理事長と第1回組合総会開催、組合規約・附則成立（5月） 地主及び土地関係者と懇談会（10月）組合員一同の賃借権取得公正契約成立、地区実測図完成、 城南田園受託組合規則第二編則修正（12月）	46名　【初代 堀田正由】 **組合設立期（地主組合設立による交渉開始）** **→理想的田園生活を求めて、「別荘地」から「住宅地」へ**
1925(T14)	周囲の生垣が完成（5月）猛雷雷の結果電灯を設置、組合事務所の建築協成る（7月）、各宅地内に竹、椎等を植付ける	＜初代城南住宅倶楽部＞
1926(T15)	住宅地内道路に石炭殻を散布（1月）、豊島園から申し出のあった住宅地内バス運行を却下（8月） 組合事務所を「城南倶楽部」と改称、事務員制度廃止、赤尾氏が倶楽部管理人に（9月） 青柳喜専業農夫に、家族懇親会（芋掘り会）開催、城南倶楽部に電話開通（練馬122番）（10月）	47名 48名
1927(S2)	組合、初めて住宅建設　組会にて各住宅地の門扉及境界生垣築造を決議（4月）豊島園開園（10月）	47名　【2代 小鷹利三郎】
1928(S3)	小鷹、平岡両理事の寄贈で住地ム13坂上に案内塔建設（7月）	50名　【3代 平岡傳章】
1929(S4)	赤尾氏から青柳氏に倶楽部管理人に	
1930(S5)	大和倶楽部と農林技師を招き土地利用に関する講話会を開催、地区内に桜と竹を植える／苗木・草木配付（有料/無料）（2月） 地区内道路の名称募集（8月）理事会にて最小区画面積を150坪から120坪に変更（8月）	45名
1931(S6)	住宅地内道路に白砂を散布（11月）	43名
1932(S7)	住宅地にガスが供給される（8月）「組合員外居住者を準組合員として扱う件」（9月）所沢村山公園への遠足会 堀田理事長逝去、理事長後任として小鷹理事が理事長となる（10月）	45名　【4代 松浦松見】
1933(S8)	住宅地改訂地図完成（8月）映画鑑賞会	47名
1934(S9)	組合設立10周年記念祝賀会開催、「組合沿革概要」発行（4月）面白き余興会	49名
1935(S10)	この頃末利用地をテニスコートとして使用	
1937(S12)	土地賃借権設定登記（5月）、賃貸借公正証書締結、組合員公正証書（6月）	48名　【5代 橋節男】
1938(S13)	共同借地使用契約公正証書（3月）この頃より組合員、家族の出征始まる	
1939(S14)		49名
1940(S15)		
1941(S16)	防火用水槽設置許可される（5ヶ所）（10月）	
1942(S17)	倶楽部の一部（6畳）を町会事務所として貸与（25円／月）（4月）	【6代 矢島誠一】
1943(S18)	組合設立20周年記念行事（映画会、懇談会）	
1945(S20)	東京空襲のため組合総会開催できず（6月）	【7代 大滝忠利】
1946(S21)	組合事務所裏屋を組合員の共同耕作地とする（1月）、横転出のため矢島誠一臨時組合長となる（8月） 臨時組合長で矢島誠一を組合長に選出、青壮年部創設（10月）山本氏倶楽部間借管理人に	【8代 木下道雄】
1947(S22)	倶楽部の一部（6畳、4.5畳）を開貸（新門500円／月）（7月）	55名　【9代 加藤得三郎】
1948(S23)	組合契約付帯規約の追加・変更、倶楽部の一部（土間）を練馬城南消費生活共同組合に貸与（300円／月）（5月）	57名　【10代 高田逸喜】
1949(S24)		
1950(S25)		
1951(S26)	倶楽部管理人小林氏に（1月）	59名　【11代 渋谷正良】
1952(S27)		
1953(S28)		【12代 小宮良太郎】
1954(S29)	組合設立30周年記念小宴会開催	
1955(S30)	**地主による物納始まる**	【13代 遠藤文介】 **組合の借地経営と組合員による土地所有の併存期** **→組合の交渉相手に開発業者が現れることに**
1956(S31)	組合の法人化（有限会社）を検討（7月）、吉本氏倶楽部管理人に（10月） 組合地域内道路の公道化申請、会報第1号発行（12月）	
1957(S32)		
1958(S33)	台風22号による出水被害	
1959(S34)	地主より名義・書類材値上げ、借地権設定登記抹消請求（8月） **組合契約改訂、組合員をA,B,Cに分類　最小面積を50坪とする（組合契約附帯規約）、** 防火用水槽設置工事（12月）	【14代 高橋岩太郎】
1960(S35)		
1961(S36)	地主の要望により土地賃借権設定登記抹消（12月）	
1962(S37)		
1963(S38)		
1964(S39)		＜2代目城南住宅倶楽部＞　【15代 郷田肇】
1965(S40)	上水道布設（一部）道路舗装	
1966(S41)	組合事務所新館落成	
1967(S42)		
1968(S43)	鮒川氏倶楽部管理人に（3月）	【16代 古澤源刀】
1969(S44)		
1970(S45)		
1971(S46)		
1972(S47)		
1973(S48)		
1974(S49)	住友不動産マンション問題（現向山庭園敷地）	【17代 宇佐美保】
1975(S50)	豊島園場外馬券場問題（11月）	
1976(S51)	「組合だより」第1号発行、組合契約の改定により全組合員再契約、最小面積を100坪に改める、準組合員制度始まる	
1977(S52)	「双葉建設」（宅地組分化）問題、環境維持資金積立、臨時総会（1月）	
1978(S53)	豊島園場外馬券売場問題再発（3月）、組合契約の部分改訂、最小面積を75坪に改める、「みどりの推進協定」締結、建築協定の検討	
1979(S54)		101名
1980(S55)	向山庭園開園（2月）、『環境宣言』総会で採択（7月）	【18代 田辺弘】
1981(S56)		
1982(S57)		

年代	城南住宅組合の主な出来事（ゴシック：組合規約関連、明朝体：クラブハウス関連）	歴代組合長と組合員数の推移
		1982
1982(S57)		＜2代目城南住宅倶楽部＞
1983(S58)	三幸荘マンション（創建メゾン三幸）問題	103名
1984(S59)	下水道整備完了、どんぐり坂等インターロッキング舗装	107名
1985(S60)	「山源」（不動産業者による底地買収）問題、練馬区地区計画説明会（練馬区）（4月）、『グラフ練馬第5号』取材（61年1月発行）（10月）	【19代 橋本有市】
1986(S61)		
1987(S62)	『郊外住宅地の系譜』（鹿島出版会）刊行（11月）	117名
1988(S63)	『ホワイトシティー』（不動産業者による底地買収）問題	1987
1989(H1)	第1回『城南再発見（講演）』（4月）第2回『城南再発見（講演）』（6月）第3回『城南再発見（講演）』（11月）	【20代 髙橋幸郎】
1990(H2)	第4回『城南再発見（講演）』（5月）信地権委員会内規（12月）	1990
1991(H3)	リサイクル委員会発足（7月）組合事務所クーラー設置（7月）	
1992(H4)	NHK「ひるどき日本列島」収録（4月）70周年記念として『組合沿革概要』復刻版配付（8月）環境保全に関するアンケート、第1回親睦バザー（9月）第1回手作り勉強会（11月）	129名
1993(H5)	「月曜会」始まる（5月）第2回親睦バザー（9月）	
1994(H6)	組合事務所改修、「サクラの集い」（4月）、組合名簿作成・配付（6月）	
1995(H7)	豊島園土地問題（→2004年まで）	136名
1996(H8)		
1997(H9)	「東栄」（宅地細分化）問題	【21代 北川武】
1998(H10)	組合事務所敷地 地主（金澤伸行氏）物納、国有地となる	
1999(H11)	組合名簿改訂版作成・配付	141名
	『緑の環境アンケート』（4月）総会、『桜ルネッサンス』（みどりの推進協定5ヵ年計画）（5月）北川組合長逝去、組合長代行に島田信也氏（7月）	
2000(H12)	組合契約一部改正、第1回ガーデンパーティー（10月）	
2001(H13)		
2002(H14)		
2003(H15)	桜見学会（4月）組合事務所改修（第1次）（9月）	157名
2004(H16)	「80周年宣言」採択、80周年記念事業推進委員会発足（6月）組合事務所改修（第2次）（9月）	【22代 島田信也】
2005(H17)	桜ライトアップ、環境セミナー（4月）総会にて「城南倶楽部」の名称復活を決定、総会にてパソコン導入が承認（6月）	2007
	練馬警察署より講師を招き「防犯教室」開催（7月）隊軍先生による景観観測会（8月）	
	理事会にて「城南倶楽部」使用ルール認定、常磐台見学会・まちづくり委員会との意見交換（10月）	
	玉川田園調布・田園調布見学会、環境維持方策に関する意見交換会（第1回）（10月）ガーデンパーティーにて「城南倶楽部」刻版プレート除幕（11月）	168名
	80周年記念ミニシンポジウム、成城学園見学会、組合事務所改修（第3次）（11月）	【23代 上野泰】
2006(H18)	玉川田園調布住環境協議会訪問（環境維持に関するヒアリング）（12月）	
	お花見会、環境維持方策に関する意見交換（第2、3回）（4月）総会決議 城南住宅組合環境維持基本方針 共同信地事業の位置づけ（6月）	
	ガーデンパーティー、80周年記念誌『心やすらぐ緑の城南』発行（11月）	
2007(H19)		組合活動の多角展開期
2008(H20)		→コミュニティ主体の住宅地の価値共有の模索
2009(H21)	『城南住まいとみどりの指針』承認（8月）	172名
2010(H22)	ホームページ運用開始（2月）、城南倶楽部インターネット開設（3月）、城南住宅組合の未来を考えるプロジェクト発足（7月）	
2011(H23)	東日本大震災のチャリティパーティー開催（4月）、未来プロジェクト組合員アンケート実施	【24代 小宮昌平】
2012(H24)	「住まいのまちなみコンクール」国土交通大臣賞受賞、さくらプロジェクト発足（練馬まちづくりセンターまちづくり活動助成）さくらセミナー実施城南まちなか虫の音コンサート（9月）、防災ワークショップ実施（12月）	177名
2013(H25)	防災レクチャー実施（1-3月）、城南アーカイブス活動開始	
2014(H26)	城南住宅組合90周年	【25代 谷口能人】

2. 組合活動の歴史的転換点を探して　　145

戦前期にはこうした種別分けはなかったが、組合員種別をAからCに分類するきっかけは、1955年より地主の相続によって物納が始まったことにある。このため国所有や地主から組合員による個別の買い受けが起こり、借地から持ち地になる組合員が増えた。組合が土地を買い受け、借地として組合員が使用することも検討され「土地の売買および賃貸借を目的とする」有限会社城南住宅組合定款もつくられた。しかし、最終的には希望する個別の組合員は土地を購入することとなった。このため、地主から土地を購入した借地組合員とさらに転売された土地を購入する者が現れることとなった。こうして土地所有形態が異なる組合員が生じたために1959年に組合契約を改訂し、A・B・C組合員に分類した。城南住宅組合契約書第7条では、A組合員は従来通り「組合より土地を転借している組合員」で、B組合員は「その転借した土地を買い受けたA組合員およびその土地を相続した者」で、C組合員は「B組合員よりその土地の所有権を相続以外で継承した者およびさらにC組合員よりその土地の所有権を継承した者」と分類されている[6]。本来の共同借地経営という観点に立つと、借地から持ち地になると組合の借地経営事務の対象を外れ、組合脱退も考えられるが、住環境維持を目的とした近隣組織の意味あいから組合員種別を増やすことで組織を維持した。後述する『組合だより』が創刊された1976年時点では、組合員数96名でA組合員63名、B組合員17名、C組合員10名、AB組合員6名となっており、1976年の組合費改訂では、「今後の組合活動の中心が従来の対地代折衝から、地域環境維持に移行しつつあるという実情」とされている[7]。

　さらに同年に、検討された組合規約の改訂で準組合員制度が導入された。理由は「従来は土地の権利者だけが組合員になっていたのですが、新たに準組合員制度を設けて、同居家族や借家人も積極的に組合に入っていただいて、組合運営に協力していただくことにしました（第3条第2項、第4条、第5条第4項）」とされている[8]。準組合員は総会での議決権がないなど組合員資格としては不十分で、権利者組合としての性格が維持されているが、一方で、組合活動における家族や借家人など地域における生活者の巻き込みを制度として位置づけ、進めていくこととなったのは大きな転換点といえる。

　つまり、城南住宅組合は、理想的な田園居住生活を送るための共同借地経営のための組合組織から、城南住宅という住宅地の環境を維持していく住民組織としての意味合いに大きく転換したのである。これは生活者の実状に合わせていくことと、共同借地経営という経営を第一義としない住宅コミュニティ組織を模索することになった。A・B・C組合員制度の導入段階ではおそらくこのような組織体制の抜本的な展開になるということではなく、

共同借地から離れることになった組合員もそこで継続して居住する以上、組合から離れることが現実的ではなかったのだろうと想像する。この時点でそれほど組合員間のコミュニティは醸成されていた。

資金的な裏付けの変遷

また、補足的ではあるが、組合制度と資金についてもここで簡単に整理しておきたい。組合設立当初から戦後直後までは、組合員が住宅組合に支払う「住宅地の使用料」と、住宅組合がまとめて地主に支払う「借地料」の差額（＝「諸経費」）が組合の主要な活動資金源だった。貯金等による「利息収入金」と「農夫賃」(1932年度以前)、「倶楽部賃貸料」(1944年度以降) などの収入もあったが、総収入に占める割合は大きくない。住宅組合の新規加盟者が支払う「加盟金」もあったが、その金額は年度によってまちまちなため、安定的な財源ではなかった。1959年に組合員の種別が変更されてからは、A組合員の地代とは別に全組合員が諸経費として「組合費」を支払うようになった。また、1966年には、組合事務所の借地権の半分を個人に譲渡し、その代金の一部で老朽化した建物を建て替え、残った金額を資産運用にまわした。このため、1970〜80年代は、組合費と利息が主要な活動資金源になった。しかし、近年は低金利のため利息による収入は大幅に減少しており、組合費が主要な活動資金源である。

(4) 高度成長期以降の敷地分割による組合員の増加と環境変化の危機

紛争などによる環境保全運動の展開

環境保全のための組合規約は、組合設立時より掲げられていたが、開発に伴う住環境破壊問題が顕在化したのは1970年代頃からである。組合種別がA・B・C組合種別に分類され、組合員が直接土地所有することによって、相続以外にも個別に不動産事業者とのやりとりなどが発生したからである。高度成長期以降土地の値段は向上するばかりで、それまで共同借地経営によって維持されていた状況とは異なる動きが始まったのである。

1974年に住友不動産による土地取得によるマンションの開発計画が立ち上がり、組合では反対運動を展開し最終的には区が土地を買い取り、現在の向山庭園として区所有公園となった。また、その翌年に隣接する豊島園で場外馬券売場の計画が持ち上がり、組合は環境悪化の観点から反対運動を展開、計画取りやめによって事態は収束した。また組合員の建替えにあたり、組合員は理事会の承認を事前に得ることとなっているが、規約違反の議論も数多くあり、各事案でさまざまな問題が発生し、その都度課題を克服してきている。本研究では、環境保全のための紛争課題を、①外在型（外部からの開発

事業に対する環境保全運動）、②内在型（組合員の建替えなど組合内での環境保全に対する認識の齟齬による環境保全問題）、③周辺型（組合地区周辺の環境変化による地域環境悪化に対する保全運動）と整理する。表4-4[9]を見ると1974年よりほぼ数年に1回、何らかの課題が発生し、組合理事会で対応に迫られていることがわかる。外在型や周辺型による不動産開発や馬券売場建設による環境悪化が懸念される問題では、開発業者への説明不足を組合理事会が補い交渉することで解決するものがある一方で、住民反対運動を展開し、区議会への陳情や座り込みの末に訴訟などが起きている事案も複数確認することができた。特に事案No.1、2、4等では組合独自の動きだけではなく、町会や周辺住民の連動による活動展開もあった。宅地細分化による住宅地開発は最終的に進行する事案も複数見られるが、初期事例（No.6）では、紛争後開発地区を組合地区から除外したが、事例（No.12）の際には入居者に説明会を開き、希望者が組合に加入した経緯がある。これらの居住者は若い世帯が多く、

表4-4 住環境保全運動・紛争リスト

No.	年	名称（通称）	概要	タイプ
1	1974	住友不動産マンション問題	現向山庭園敷地の買収、マンション開発。区買い取り公園として事態収束。	外在型
2	1975	豊島園場外馬券売場問題	豊島園場外馬券売場計画、陳情などにより計画取りやめ。	周辺型
3	1977	双葉建設問題	宅地細分化による住宅地開発	外在型
4	1978	豊島園場外馬券売場再発問題	上に同じ。	周辺型
5	1992	U事件	A組合員による転借過程で事業者が買い受け、規約違反の開発。	内在型
6	1983	三幸荘マンション問題	創建メゾン三幸による開発問題	外在型
7	1985	山紫問題	不動産事業者による底地買収問題	外在型
8	1986	S事件	組合未承諾での底地転売問題	内在型
9	1986	O事件	相続による転借地権の税率に関する税務署との認識齟齬の問題	内在型
10	1994	ホワイトシティー問題	不動産事業者による底地買収問題	外在型
11	1994	S事件	不動産事業者による底地買収問題	外在型
12	1997	東栄問題	宅地細分化による住宅地開発	外在型
13	1997	豊島園・城南域内土地問題	豊島園が使用していた土地の買い受け	内在型
14	1998	豊島園駐車場計画問題	豊島園が隣接地に駐車場を計画した問題。その後取りやめ	周辺型
15	1999	住宅内T字路拡幅工事問題	細分化に伴う道路拡幅の問題	内在型
16	2001	S宅高さ制限問題	組合規約違反による高さ問題	内在型

現在では組合運営に理事として関わるなどこれまでにはない動きを見せている。組合ではこうした土地細分化による環境悪化を未然に防ぐために土地そのものの直接買収によって地主化し転借を継続する方法をその都度検討していたが、最終的には地価の高騰による開発圧力が増している中で、全面的に買収していくことは不可能であった。そうした中で、事例 No.1、2 の問題が収束した 1975 年に組合費の他に裁判費用などのために環境維持基金を300 万円で設立し、これらの問題対応にあたった。

近年の開発における地区レベルでの委員会設置対応

　近年では開発時における近隣組合員への説明を開発したい組合員、開発業者による説明を個別対応するのではなく、なるべく近隣組合員間で小さな地区単位での委員会設置をして、そこで開発業者との折衝、合議する機会を設けるようにしている。組合理事会が直接開発業者と折衝するのではなく、担当する組合理事が、近隣の主体的な活動を促し、呼びかけ、支援する理事体制へと変化しつつある。

城南住宅組合の転換点を地域とともに探る

　ここまで本節では、時系列に沿って城南住宅組合の歴史を概観し整理してきた。研究活動を行っていた当時も年表づくりを進めながら組合員の方と意見交換して年表の情報を厚くしたり、各事柄の意味などを尋ねてきた。そこで、私たちは共同借地経営の綻びが見えた戦後、土地相続のあり方が変わったことに対して、組合種別を増やして、土地所有の形態を問わず地域に居住するコミュニティの一員として組合を維持したところに転換点を見出すことができたのだった。しかし、その後の住環境保全のたび重なる交渉が繰り返される日常について、どのように考えるべきか。次の論点に、組合と私たちの議論は移っていった。

3. 住民主体の住環境保全の活動

(1) 自主ルールとしての組合規約の変遷

　城南住宅の歴史的転換点として、組合員の種別変更があったことを前節で述べた。これらは組合規約の変更によるものである。本節では、住環境保全に関する組合規約について見てみよう。城南住宅組合では、これらの組合規約をこれまでに何度も更新してきた。そこで、どのような点が更新されてきたのか。繰り返される日常の生活と住環境保全のための組合活動。これらをつなぎ、支えてきたものが組合規約とそれに付随する城南住宅ルールである。

組合による図面の承認

　まず何をもって組合の承認を行うかということであるが、組合が創立された1924年の規約において、城南住宅地内で建設する住宅は、「建築設計図は一応組合に提出して其の承認を得ること」とされていた。この規定は1937年3月6日の規約で、「建物、井戸、便槽、下水、溜桝、囲障、土留、貯水池、汚物捨場、灰捨場等の工作物」を築造する時に、目的物と周囲の関係がわかる設計平面図を提出して承認を得るように求める内容に変化した。住宅だけでなく環境に影響を及ぼす可能性のあるものに対象が広がり、周辺関係への配慮が求められた。公衆衛生の発達に伴い、対象となる工作物から現在は井戸、便槽、下水などが削除され「建物、土止擁壁、宅地造成、垣根、車庫等」となったが、理事会への設計図等の提出と承認の規定は現在の規約にも引き継がれている。

住宅用地の使い方

　これより具体的に住宅用地としてどのようなルールを設けているのか概説する。まずは、隣地との関係である。1924年の規定では、「建物の蔭は成るべく、隣地に達せぬようにすること」、1927年8月の規定では「建物は成るべく、隣地に接せぬ様にすること」、1937年3月規定で「建坪3坪以上の建物は囲障より6尺以上の距離を存せしむること」と変化し、1959年12月の規定以降は特に明示されていない。また、住環境を定める上で重要な建蔽率は、1933年4月16日の定期総会で初めて「一戸分の総建坪は該敷地面積の四割以内とす」と制限が加えられた。1976年4月以降は、建築基準法で指定された用途地域の通りの建蔽率（50%）、容積率（100%）、高さ（10m）が「遵守義務」として列記されている。そして、城南住宅において最も重要な指針項目は、敷地最小面積についてである。1戸当たりの敷地最小面積は、100坪（1924年）から150坪（1926年）、100坪（1959年）、50坪（不明）、330㎡（1976年）、250㎡（1978年）と改正され、1926年から約30年にわたり最小面積は150坪と規定されたが、1932年4月の規約に「ただし理事会の承認を得たるものは此限りにあらず」とあり例外も認められていた。

　1959年の規約改正の際、「組合員の使用敷地面積問題」は重要事項として審議された。いったんは「50坪以上」とする案が出たが、「設立当初より組合員相互が当地域緑地帯を尊重し、永くその環境を保持せんことに努力」し、「使用面積も目下一定の限定を設け長く150坪以上」に限定してきた精神を規約に表現して、「相続その他止むを得ざる場合の再分割」以外は100坪以上とすることになった。この時の議事録によると、敷地面積が100坪以下の組合員は4人だった[10]。

150　　4章　理想的田園居住を求める城南住宅組合の歴史とまちづくり

その後、1戸の敷地面積がいったん50坪まで緩和されたことがあったが、1976年3月『組合だより』に郷田氏が寄せた回想によると、終戦後は戦前のように組合員が広い敷地を借用することは、地代の面からも組合員の経済的事情からも困難となっていた。それに相続上の問題から分割譲渡が行われるようになり、組合員の数も発足当初の倍以上になり、「組合規約がともすれば無視され勝ちで、事前相談が怠られて事後承諾が多くなり、規約に忠実な正直者は馬鹿を見る一方、自分の利益本位に事後承諾で事を決した人は得をする」という状況になっていた。この1976年4月末日は組合契約更改の時期にあたり、これを機に組合規約が全面的に改正された。当時は住友不動産のマンション建設問題（1974年）や場外馬券売場問題（1975年）などが起きた直後であり、城南住宅地の環境を守っていくために、「建築協定」を想定した基準が「遵守義務」として盛り込まれた。組合員全員の賛成が得られれば、その内容をそのまま「建築協定」にする構想だったが、全員の賛成が得られなかったので結局従来通り契約改正にとどまった。

　敷地面積の制限は50坪から330㎡（100坪）へと引き上げられ厳しくなった。これは「外部からの割り込みで再分割されるのをなるべく防ぐように配慮した」ためだった。なお、当時の組合員の平均敷地面積は約150坪程度と記録されている[11]。1978年に再び「建築協定」が検討され、組合員全員を対象とするアンケートが行われた。敷地面積は、330㎡では厳しすぎるという意見が多かったため250㎡に引き下げられた。

城南住宅のみどりの保全

　城南住宅を特徴づける住環境として、豊かなみどりが挙げられる。創立当初の1924年から住宅敷地は生垣で囲うことが規定されていた。その内容は「高さ1尺以上の土堤を築き、その上に5尺以下の生垣を設ける」（1924）から、「標準高約5尺5寸の生垣とする」（1937）、「標準高1m65の生垣を原則とする」（1959）と変化した。1976年の規約では生垣だけでなく、フェンスも認められたが、「緑地保全の見地」からコンクリート塀や万年塀はご遠慮いただくこととされた。なお、1937年3月の規定では「道路に接せざるものにして特殊事情あるもの」は隣接組合員・組合長および工務部委員長と協議の上適当なものに変更できるという例外規定が設けられ、現在までほぼ同様の規定がある。また、組合住宅地の外周については、高さ5尺以上の生垣をめぐらすこともできることが1924年の規約に規定されている。組合庶務部から組合員各位宛ての1925年1月7日付の書簡には、道路に面しない各自の境界には、安価で実用的なことから茶樹を植える等が提案された。同年5月には、「組合地域周囲の生垣が完成」したと記録されている[12]。さ

らに植樹や芝生、花園を組合に委任するか否か、組合員に回答を求めており、希望者の敷地の生垣も同じ時期につくられたと考えられる[13]。1927 年 2 月12 日には「各自境界の生垣に就て」という通知が組合庶務部から出されている。これは、隣地の境界の生垣と門扉が設置されていない荒地に、動物や子ども、盗人が侵入しても組合は監視上の責任は負いかねるので、生垣の設置を求める内容だった。この通知からは 1927 年時では、生垣のない敷地が多々あったことがうかがえる。生垣の高さが制限されているのは「地内の風致を保存すると共に同地内の見通しを可能たらしめ併せて組合の警備にも重きを置きたる」ためであるが、規約に反して各自随意の高さを農夫に命じる傾向があるため、1932 年 9 月には、組合規約の関連項目のリマインドが警備員主任から組合員に送られている。この通知から、この頃には各自の敷地の生垣がほぼ出来上がり、維持管理が問題になっていた。

みどりの協定地区としての緑化活動

　城南住宅組合は練馬区の施策である「みどりの推進協定」地区の締結第1 号地区として緑化保全活動を展開している。本協定は 10 戸以上の住宅のある地域、敷地面積 500 ㎡以上の集合住宅、敷地面積 1,000 ㎡以上の工場・事業所に該当する地域で、「みどりの 5 か年計画書」を作成し、それに基づき練馬区が苗木配付し地区内の緑化を推進する。城南住宅組合では、本制度を活用し、各住宅の希望者に苗木配付している。苗木配付の連絡や希望樹種のとりまとめ、区への要望折衝は『組合だより』を通じて行われている。本協定は 1978 年 7 月に導入検討されるのだが、当時城南住宅組合では建築協定の導入も合わせて検討されており、環境保全の推進策の一つとして緑化活動が位置づけられていた[14]。

(2) 自主ルールか、法定制度か

地区計画の導入の検討

　ここまで見てきたように、城南住宅組合では自主ルールによって、住環境維持の活動を展開してきた。みどりの協定地区などで行政の力に頼らなかったわけでもないが、組合の気風としては、行政に頼らないことを良しとしていた。町会自治会組織ではない住宅組合は、行政とある程度距離をとっていたともいえる。しかし、公的なルールによる住環境維持方策について検討がなかったわけではない。練馬区の勧めもあり、地区計画導入検討を数回行っている。その中でも、1985 年 3 月に練馬区より相談打診があり、5 月に区の説明会が行われ、意向調査として 1987 年に地区計画に関する住環境のアンケート依頼が打診されている。しかし、建築協定と異なり全員同意不要であ

152　4 章　理想的田園居住を求める城南住宅組合の歴史とまちづくり

る点の心配や、組合規約にある「相続その他特別の場合の例外規定」等がないなど、地区計画に対する消極的な意見もあり、検討は途中で頓挫している。公的な法制度による強制力は、自主ルールのみで運営している組合にとって、住環境維持の観点から見ると非常に魅力的である。しかし、平等性のもとに柔軟性に欠く制度にはなかなか承服しがたいものがある。現在でもこうした公的ルール導入検討の声は絶えず聞かれるが、なかなか実現しないのが現実だ。

城南住宅すまいとみどりの指針

　2002年より組合長となった上野氏のリーダーシップの中で、80周年事業として2004年「80周年宣言」を採択し、「心やすらぐ緑の城南」をめざすことを再確認した組合は、2006年総会において「環境維持基本方針」を定め、道路沿いの緑化を目標に位置づけた。またB、C組合員増加に伴い、当初からの共同借地事業を組合員全員からなる城南住宅組合が借地契約当事者であることを再定義した。その後、「環境維持基本方針」で定められた取決めの具体化のため、「城南住宅すまいとみどりの指針」が環境問題特別検討委員会の設置によって進められた。組合員に向けて指針案の説明会を2009年2月に実施し3月に臨時総会を開催するも、出席委任状が過半数を超えず流会した。再度の呼びかけおよび『組合だより』での追加説明などの後、7月の通常総会、8月臨時理事会を経て指針が承認された。内容は、これまでの組合規約に定められた環境基準を「取決め」として、それ以上に踏み込んだ内容については目標への「提案」という形で推奨基準を示すなど2段階構成で「すまいに関する指針」と「まちなみに関する指針」を定めた。内容については先述の通りである。このように城南住宅では、強い法的なルールか、自治による組合員間の紳士協定的な取決めか、右に左に揺れつつ、絶え間ない議論に結論を与えることなく議論を継続している。

4. 歴史を振り返るまちづくり活動と日常

(1) 城南住宅組合の活動を支えてきた城南倶楽部

　城南住宅組合は住環境保全による理想的田園生活の実現をめざした前述の活動がその主目的であるが、それらの活動を支えてきたコミュニティの場としてのクラブハウスや親睦活動が設立初期から現在まで継続している。城南住宅組合は、住環境維持のためのルールを運営する組織というだけではなく、住民コミュニティの組織でもある。本節では、これらの場の変遷や活動内容を概観し、住環境保全のまちづくり活動を下支えしてきた日々の日常生活で

ある活動実態を整理する。

初代クラブハウスから2代目クラブハウスへ

1924年「第壱回総会決議事項報告」によると、組合設立当初事務所の建設は経費の関係から見送られ、その代わりとして組合員平岡氏の建築した家屋を当分拝借することとされており、初期は小石川駕籠町大和倶楽部や駒込曙町の小鷹邸において組合総会が開催されていた。

1924年7月には城南住宅地内に組合事務所が完成し、8月16日には組合員西澤笛畝氏の色紙揮毫会が、9月13日には土地利用についての協議会が開催されるなど、組合事務所が懇親や協議の場として使われるようになり、1926年9月には練馬事務所を倶楽部と改め、事務員を廃止することが決まった。しかし、1927年頃まで定期総会、臨時総会は「大和倶楽部」で、理事会は理事長や理事の邸宅で開催されるなど現地での活動はさほど活発に行われなかった。1927年10月に前述の武蔵野鉄道練馬駅―豊島駅間の開通後の1928年4月から「練馬城南倶楽部」で定期総会が開催されるようになった。総会後に開催される住宅組合員と地主組合員の懇親会の兼ね合いから1932～1943年までは豊島園松風閣や上野山下鳥鍋などのお店で開催されたが、1946年の定期総会は再び城南倶楽部で開催された。初代建物は、現在の2代目の建築敷地を広場、共同菜園や運動場として使われており、電話が普及する前はクラブハウスの電話が地域共同の電話であった。その後、1966年に初代の立地していた敷地から南側に移転され、現在まで続く2代目クラブハウスが建設された。今回の調査では建替え移転の経緯の詳細は明らかにできなかったが、1965年に初代敷地一部（109坪余）を売却した資金で建築している[15]。

戦後のクラブハウスの管理体制と運営

城南住宅組合では、事務所設立当初は「事務員」が置かれた。目的は、①事務所いっさいの保管および掃除、②組合全体の土地作物樹木ならびに家屋の監理、③作物・植樹、土工、施肥等の周旋、④道路、境界の監督および修理、⑤組合費、地代家賃の取立および配布、⑥組合員に必要なる物品の購買、⑦土地案内および貸家の周旋ならびに監理、と規約に定められ、篠田岩蔵氏が事務員となった。しかし、事務員が不熱心で組合員の事務所利用が振るわなかったことなどを理由に、1926年9月に事務員も廃止された。その後は、赤尾藤吉氏が「倶楽部管理人」となるとともに、青柳元吉氏が10月1日より専属農夫となった。青柳元吉氏は芋類の植付けや、樹木の剪定、宅地への木戸設置などの作業を引き受けた。1929年11月30日に赤尾氏が辞任した後、青柳氏が倶楽部に留守居した。組合常備の農夫は予

算の関係から 1932 年 3 月限りで解雇されたが、農夫はそのまま住宅地に居住し、組合員各自随意契約の下に使用するようになった。青柳氏は 1946 年に逝去したが、それとほぼ同じ頃に、建物利用特別委員会が設置され、事務所（倶楽部）の建物利用について検討が行われた。その結果、「福利厚生施設のみとして利用することは人選の関係上困難」だったため、①家賃、②組合員の保証、③又貸の厳禁、④修繕費負担、⑤組合の都合で立退くことを承諾という条件で倶楽部に山本又雄氏が借間することになった。山本氏は 1951 年 1 月 15 日まで倶楽部に住んだ。彼の退去後は、組合員坂井金一氏方に同居中の電報通信社員小林泰介氏夫妻が下記の条件で住まうことになった。

　　一　賃借人は以下の労務を伴う
　　　・倶楽部建物及び内部物件の清掃並に保守・電話の取次
　　一　賃借人の権利義務
　　　・敷金、権利金の支払いなし。賃借料月 2,000 円を住宅組合に支払う・住宅組合は前記労務への謝礼として月 1,200 円を支払う

　このように、借間人は、賃借料を組合に支払うが、謝礼を受け取って倶楽部の管理を行っていた。1956 年 10 月からは吉本清松氏が小林氏を引き継いだ。吉本氏の手による役員会議事録が残っており、吉本氏は組合の中枢部を支える役割も担っていたと考えられる。

　さらに吉本氏の後任として、城南住宅の近隣住民であった蛭川氏が 1968 年 3 月にクラブハウスの管理を住込みによって請け負うこととなった。蛭川氏によると、当時の主な仕事は、地代関係事務と A 組合員の証明書等の発行事務で、車庫証明や住宅関連の融資事務などを行っていた。また、時代背景として物価上昇期にあたり毎年のように地主と地代の交渉を行っていた。組合事務所で行われる理事会や総会にも出席し、お茶出しなどの会議補佐を行っていたが、議事録は他の理事がとっていたため、同席して議論を聞くといった理事会との距離感であったという。家族の都合で 1983 年から住込みによる管理から週 3 回勤務に変更し、近隣に引っ越し、その後週 1 回の月曜勤務という形態となった。

　当時の住まい方やクラブハウスの利用実態について聞くと、引っ越してきた当初理事会は当時組合長の郷田氏宅で行われており、同年 12 月からクラブハウスで行うようになったが、この間クラブハウスを利用しなかったのは引っ越しによる蛭川氏の生活の落ち着きを配慮してであった。当時のクラブハウスの室内について聞いたところ、集会室（広間）と呼ばれる東側の部屋は、木の床で紫色の絨毯張りで蛭川氏が在籍の間に一度張り替えられ、

理事会は、絨毯の上に座卓を置いて会議が行われていた（図4-4）。奥の部屋（6畳、3畳）を住まいとして利用し、入居してしばらくしてお風呂をつくってもらった（入居直後は銭湯に通っていた）。その後3畳を6畳に増築した。玄関の横に水道があるのは、事務所部分と居住スペースを分けていたためで、最初の頃は玄関側の水場を使っていたが、結局奥の台所を使うようになった。入居当初は広間から直接外に出られなかったが、外から使える納戸があった部分を改造して開口部とし

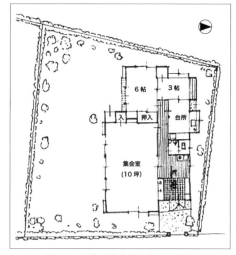

図4-4 2代目城南倶楽部の平面図
城南住宅組合編（2006）
『心やすらぐ緑の城南―80年の歩みとこれから―』
城南住宅組合より

た。1968年に蛭川氏が来た当時は、クラブハウスは理事会にしか使っていなかったが、主婦の友の会や組合員の趣味の場として、染物の会、お茶の会（向山庭園が使えないときに、広間を利用するようになった）などに利用されるようになっていったという。このように、クラブハウスは住込み管理人の居住環境を徐々に改善しつつ、組合活動と両立の場として展開していたことがうかがえる。

(2) 親睦活動の展開と変遷

初期の親睦活動の変遷

　組合の環境維持活動と平行して常に行われてきた活動に組合間の相互の親睦活動がある。親睦活動は時代を変えてさまざまに形を変えながら展開してきた。創立時の規約を見ると、「本組合は…（中略）…親睦を維持し愉快なる田園生活の共同目的に達せんが事を期す」と書かれており、創立時から親睦活動が活発に行われた。本節では顕著な親睦活動の実践について概観を整理する。1924年10月12日には、地主側との交渉に目鼻がついたことや、区画整理がほぼ完成したことから、土地関係者を招待した懇親会が練馬小学校で開催された。同日、組合員家族の懇親のために計画されていた芋掘り会は、雨天のため、翌日曜19日に開催された。1926～1934年は秋に組合員

家族懇親会が開催されている。その内容は、1931年までは毎年「芋掘り会」だった。

　普段はあまり城南住宅地に来ない組合員も家族とともに一同に会する場で、1927年には150余名が来会した[16]。1929〜1931年の3年間は、月見会も合わせて開催された。1932年9月の理事・評議会で「親睦の意義を更に徹底せしむる件」に関する特別委員会が設置され、10月2日に答申を出している。この答申は、①倶楽部の改築、②組合地内居住者（借家人を含む）と在住している組合員で「城南会」を組織すること、③新年互礼会・春季親睦会・秋季親睦会という三つの大会と2ヶ月に1回くらい婦人・子ども等のための普通親睦会という小会を開催することを提案している[17]。この答申の大部分は実現しなかったが、これ以降、所沢・村山公園への探勝会（1932年）、映画鑑賞（1933年）、面白き余興（1934年）と毎年変化している。組合設立直後は、組合員の大部分が城南住宅地外に住み、建物もほとんどなく借家人もいなかったため、練馬で農作業を体験してみるイベントに意義があったが、居住者が増えてきて、違った趣向のイベントや、組合員だけでなく借家人を含む組合地内居住者も楽しめるイベントが指向された。

戦後から現代の親睦活動の変遷

　組合全体の恒例行事として、新年会は戦後継続して行われており、現在まで続いている。会場は、豊島園そばの料理店であった時代から、現在では組合地区内にある向山庭園での開催が定例化している。80年誌によると詳細は不明だが、戦後に運動会が開催されたとの述懐が見られ、城南住宅組合の住宅地内の路上で運動会が行われていたようである。

写真4-4 ガーデンパーティの様子　　筆者撮影

また、2000 年 10 月からガーデンパーティがクラブハウスで春と秋の年 2 回行われるようになり、これが定着してきた。一時は、いつもの決まった高齢のメンバーが集まり、それほどの活気でもなかったが、これをテコ入れしていこうという動きがあり、近年では組合員の出し物（屋台や露店的イベント等）があり、組合員の子ども世代がさらに子ども連れでやってくるなど多世代が参加する親睦行事となっている（写真 4-4）。

地主との親睦

　次に組合間の親睦ではなく、地主との親睦についても触れておこう。前述のように、組合設立時より地主組合との懇親会は頻繁に開かれていた。そこでは総会終了後に地主組合メンバーと住宅組合との間での交流が行われていた。しかし、戦後に地主による土地の物納が始まり、地主から借地している世帯面積の減少による高齢化による世代交代等により地主との接点の減少が見られ、現在は組合理事会との付合いが中心となっており、組合員が個人的な付合いがある人以外にはあまり付合いは見られない。戦後以降もお中元やお歳暮といった季節の挨拶 [18] や親睦会は開催されているが、今後の地主との付合い方そのものも課題の一つとなっている。

(3) 多様なコミュニティ活動

多様な活動と生活とのつながり

　その他にも城南住宅組合では、親睦行事以外にも組合員の趣味や仕事を活かした勉強会が行われている。講演会形式の勉強会として 1989 年 4 月から「城南再発見」が翌年まで計 4 回実施され、形式を変え、1992 年に手づくり勉強会などが行われている。また、婦人部や有志による趣味の会などは長期的に継続することはないが時代ごとにクラブハウスで行われており、現在まで続く月曜会は 1993 年 5 月から始まっており高齢者のサロンとなっている。また、高度成長期以降、時代要請の中で、環境問題への関心などから 1991 年 6 月リサイクル委員会が発足し、資源回収活動を組合内で行うようになり、区役所と積極的に連携をとりながら活動が行われ、1992 年には第 1 回親睦バザーが行われた。翌年には 2 回目が開催された。これらの活動は、有志の発案から組合内で活動意義のあるものが承認され、活動が親睦を兼ねるという趣旨が散見され、親睦は環境保全につながるという一貫した城南住宅の活動姿勢と見ることができる。また、本稿では詳述できないが、2011 年東日本大震災後、高まる防災意識が地域コミュニティの価値を再発見した。城南住宅においても、これまで住環境維持に合わせて防災活動も広い意味での住環境維持活動と位置づけ積極的に活動展開している

(写真4-5)。ガーデンパーティでも、区の防災担当を呼んできてミニ防災講習会など、地域コミュニティでの活動につながる話を聞けるなど工夫を凝らした親睦＋αの活動が行われている。親睦活動と目的を持った住環境維持などのまちづくり活動は相互補完しながら、暮らしに根づいた活動になってきている。

写真4-5 城南住宅防災ワークショップ

5. 歴史から問いかける地域の持続可能性

(1) 城南未来プロジェクト

いよいよ歴史が現代に追いつくところまできた。「すまいとみどりの指針」策定後、組合は2010年に城南住宅組合の未来を考えるプロジェクトを立ち上げ、共同借地経営を片側に置きつつ、今後の住環境維持について議論する場を設置した。組合だよりに連動した連続アンケート企画により、何かあれば相談してくださいという「呼びかける」組合から今、私たち自身は今何を考えるべきか、ともに考えようと「問いかける、誘いかける」組合へと態度転換を図ろうとしている様子がうかがえる。本研究も未来プロジェクトと連動した城南アーカイブズとして専門家との共同調査研究プロジェクトに位置づけて2013年より活動が始まった。冒頭にて、筆者が相談を受けた城南住宅組合の記録資料をどうにか未来のまちづくりにつなげたいという考えは、この未来プロジェクトでの議論によるものである。そこで、筆者らは研究グループを組織し、住民との協働による議論を行うことを始めたのだった。

ワークショップ形式の議論や調査から90年の歴史を振り返る中で、今後の住環境維持活動の参考とすることが期待されている。現在までに、一端の研究成果を城南住宅組合の歴史転換点を明らかにするということで、住環境維持活動とともにある親睦活動という設立時の理念に加えて、住環境維持のための共同借地経営から組合種別を問わない住民主体の住環境維持へと転換した点を明らかにした。

これまでに何度かの周年記念誌の発行を続けてきた城南住宅組合は歴史認識を更新しながら実践をする下地をすでに持っていた。そして、今回の活動

写真4-6 城南昔語りの会や聞き取り会による協働調査
筆者撮影

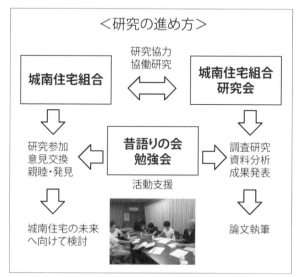

図4-5 城南住宅組合と専門家の協働研究

の中で、出てきた組合設立時からの1次史料のデジタルアーカイブ化をきっかけとして、研究者と協働することになった。城南昔語りの会では、研究者が調べてきた城南アーカイブの資料を紹介しつつ、「まちの成り立ち（まちの様子）」として、自分が覚えている最も古い城南住宅のまちの様子を聞いたり、組合の親睦行事や城南倶楽部についての記憶を引き出してもらうワークショップを実施した（写真4-6）。これによって、「自分たちの歴史を取り戻すための活動」として、住環境保全の90年を振り返る活動となった。外部の研究者である筆者らとの協働によって、組合自身の視点を立体化させ、まちづくりの議論を活発化する役割があったといえる（図4-5）。

(2) アーカイブの活用と住民の自主的なまちづくりの活動の展開

その後、城南住宅のアーカイブの紹介活動として、筆者は城南住宅組合が組合員向けに月に1回発行している『組合だより』内で、2017年2月より城南アーカイブズを紹介する連載記事を担当させてもらうことになり、2019年1月現在も続いている。アーカイブズ記事を分析していく中で、大きな組合のまちづくりの歴史からはこぼれてしまうものの中で、これはと思う出来事や記事を紹介することで組合活動の断片からさまざまなことを考えることができる。これらの紹介を通じて、組合員の方との組合活動の歴史の共有を図っている。

アーカイブズの紹介記事では、①アーカイブズ資料の内容紹介、②研究的視座とまちづくり課題の接点の提示、③エピソードの歴史的背景の分析と仮説の提示、④今日的まちづくり（日常）の課題に照らした歴史的事実から発せられる問いの提示の4点を意識しながら、時代ごとの史料の紹介をしている。城南住宅組合のまちづくりの歴史とは、当時も今も変わらずに暮らしの中で試行錯誤しながら育まれてきたものであり、過去の出来事として現在と切り離されたものではないという認識である。そのため、現在の暮らしを大切にするように、過去にあった出来事を現在と地続きのものとして紹介することを心がけている。

2018年から未来プロジェクトでは、次の100年事業に向けた展開として、歴史を振り返りつつ未来を展望するための議論を本格化するために、（公財）練馬区環境まちづくり公社みどりのまちづくりセンターのまちづくり活動助成事業に応募し、セミナーなど議論の場の創出など精力的な活動を展開し始めている。そこでは、アーカイブの活用として過去の建替えなどの協議記録などを今後の判例として活用できないかなどの検討も始まりつつある。

(3) 城南住宅組合の活動史の特徴

　以上、本稿では、まず筆者らが行った城南住宅組合の住環境保全活動の通時的な分析を軸に、土地所有形態や親睦などのコミュニティ活動の変遷を明らかにした研究の概要を説明した。まとめると、理想的田園生活をめざした城南住宅組合は当初こそ別荘利用の形態で住宅地化が進まなかったものの、戦中、戦後より住宅地として居住実態が伴ってくると、当初より定めた規約による各住宅地での環境整備が進んだ。高度成長期に入り地価の高騰によって、地主が相続などで土地を売却し、土地所有する組合員が出現した。共同借地経営による住宅組合としては、土地所有した組合員は、組合の借地経営から外れるため組合から脱退ということも考えられたが、同じ住宅地に暮らすコミュニティのメンバーとして、住環境を維持するメンバーとして、B、C組合員の種別を創設し、組合活動を維持する方針を採った。これが現在まで90年以上組合活動を継続していくための大きな転換点であった。

　しかし、B、C組合員の数が増える過程で、開発業者が絡むトラブルが増え、組合はさまざまな対応を強いられることになった。バブル崩壊後、開発による業者との交渉は減り、住環境維持とそもそも組合活動の意義について、組合内で模索するようになる。環境維持の自主ルールとして「すまいとみどりの指針」がつくられ、防災をテーマにした活動や未来プロジェクトによるワークショップ形式の活動による組合員の相互理解と議論の深化をめざす動きが活発化してきた。ちょうど子ども世代が子育て世帯として戻ってきた組合員が増えたこともコミュニティ活動が活発化する要因になってきている。

　城南住宅の対外的な社会関係に着目すると、戦前期から地主組合と地代交渉し、戦後、土地所有が流動する中で開発業者等と交渉する機会が増え、今、組合員間の対話を増やすべく、折衝の相手を内部に呼びかけている段階にあるといえる。本研究により、共同借地経営の住宅組合という組織ではあるが、土地所有など前提となる経営基盤が大きく変化する中で、住環境維持を目標にしつつも、居住者のコミュニティ活動を相互補完的に行う中で、組織活動を継続してきていることがわかった。

(4) 歴史を探求する住民活動

　最後に、城南住宅組合の側から見た本研究活動についてその意義について簡潔に述べたい。城南住宅組合は、90年の歴史を持つ共同借地経営を基礎にした住環境を親睦などのコミュニティ行動を通じて維持してきた。住環境維持のための試行錯誤、組合と住民の距離感などがある中で、住環境（外的

環境）の維持と住み続けられること（住民・家族の住まいの持続性）の相克について議論してきた軌跡でもある。歴史から問いかける郊外住宅地の持続可能性とは何か。

　90周年を迎え、まちづくり活動の支援をしていたことがきっかけで、大学専門家と連携して歴史史料の調査を行うことになった。組合では、歴史史料の研究者への提供にとどまらず、そこで書かれる歴史を自らのものとしたいということで協働で調査をすることとなった。もともと地域での計画史や都市史と実践の関わりについて関心のあった筆者はこの申し出を積極的に受け入れ、地域の実践の中での歴史記述の方法論について地域住民とともに議論し、考えることができた。

　本研究活動は、まず、城南住宅組合の歴史的転換点を見定めることをテーマとした。史料調査を通じて、直線的歴史観から過去の活動を相対化して、コミュニティでの歴史の共有を図った。そこで、制度転換などを議論したのである。ワークショップを通じて意見交換したり、歴史の地続きに自分たちの生活があることをどのように認識していくかが議論となった。そのため、史料の精査と同様に住民の記憶も重視した調査活動となった。

　さらに、住環境保全の活動が歴史的に繰り返されている構造も見出した。この点について常に組合は進歩がない組織なのかという問題提起が組合員から起こる。これはいうなれば、円環的な歴史観から地域コミュニティ活動史を振り返ろうという問題提起である。反復される歴史の受け止め、入れ替わるコミュニティにおいて、同様の議論を絶えず繰り返すことで保全されている環境を私たちは理解することになった。そこから、持続可能性を保持する歴史を立ち上げたのだ。これらの歴史認識に答えはなく、また、継続することがまた歴史性を継承することになっている。反復される歴史は、日々の生活の暮らしがフィードバックされ、再帰的に新たな歴史が紡がれているということもできそうだ。城南住宅組合では、自らの生活基盤であるコミュニティの活動の歴史を振り返りつつ、日々の生活をたゆまず続けて、世代が替わったり、住み替えしつつも理想的田園居住実現に向けた取組みが継続されている。

5. 歴史から問いかける地域の持続可能性　　**163**

註・参考文献

1）本稿は、下記論文を大幅に加筆修正したものである。中島伸・田中暁子・初田香成
（2015）「城南住宅組合の活動と住環境の形成・維持に関する歴史的研究」『住総研
研究論文集』41 号、pp.181-192、2015 年 3 月、住総研。

2）先行研究として下記に挙げるものを参考にした。
  ・内田青蔵（2000）「城南田園住宅組合住宅地について」：片木篤ら『近代日本の郊
外住宅地』鹿島出版会。
  ・山口廣編（1987）『郊外住宅地の系譜　東京の田園ユートピア』鹿島出版会、
pp.207-220。
  ・杉崎和久（2009）「借地組合の契約にはじまる環境維持活動　大正末期に開発さ
れた練馬区城南住宅組合の取り組み」住民主体のまちづくり研究ネットワーク編
『住民主体の都市計画　まちづくりへの役立て方』学芸出版社、pp.18-26。

3）田子一民（1923）「心の跡」pp.165-166、帝国地方行政学会（1921 年 6 月社会政策
講習所講演）。

4）加瀬和俊（2007）「戦前日本の持ち家推進策―住宅組合制度の歴史的意義―」『社
會科學研究』58（3/4）、東京大学、pp.35-57。

5）下記の資料を用いた。「城南田園住宅組合住所氏名一覧」（S 4.4）、「城南田園住宅組
合住所氏名一覧」（S 6.4）、「城南田園住宅組合住所氏名一覧」（S 18.4）、「城南田園
住宅組合住所氏名一覧」（S 21.1）、「城南住宅組合員名簿」（S 25.9）、「城南住宅組
合員名簿」（S 26.7）、「城南住宅組合員名簿」（S 29.4）、「氏名・坪数・地代・組合費・
入金日一覧 地代組合費計算台帳」（ファイル O-15）、「地代及組合費 地代・組合費
台帳」、「城南住宅組合員名簿 A 組合員の皆様へ」。

6）この他に A 地と B 地を合わせて持っている AB 組合員もいる。

7）城南住宅組合『組合だより』第 7 号、p.2 下段、1976 年 3 月。

8）城南住宅組合『組合だより』第 8 号、p.4 上段、1976 年 3 月。

9）本研究の紛争事例の分析では、各事案の整理を組合資料を基に行っており、事業者
など相対する主体からの分析は行っていない。

10）城南住宅組合「昭和 34 年度役員会議事録」1959 年 10 月 28 日。

11）城南住宅組合『組合だより』第 8 号、1976 年 3 月。

12）城南住宅組合「大正拾四年度事業経過報告」1926 年。

13）松浦松見（1925）「回答」1925 年 6 月 11 日。

14）城南住宅組合『組合だより』第 19 号、pp.1-2、1978 年。

15）城南住宅組合創立 80 周年記念事業推進室編（2006）『心やすらぐ緑の城南』城南住
宅組合、p.34。

16）城南住宅組合「昭和 2 年度事業経過報告」1928 年。

17）親睦に関する特別委員長新山福治「答申」1932 年 10 月 2 日。

18）城南住宅組合『組合だより』第 76 号、1987 年 6 月、第 93 号、1988 年 12 月など。

おわりに

もう一つの計画と歴史を求めて

　本書は都市計画の実践と歴史研究、まちづくり、生活史研究に関わる研究者たちが、地域の生活実態と計画や歴史の関係を、それがそもそも多様な当事者により能動的・相互的に変容する過程であることに注目して、その理解の仕方や計画や歴史の意味を再検討することを意図している。

　地域の計画と歴史の関係についての問題を計画論的研究と位置づけたのは、石田頼房の「都市農村計画における計画の概念と計画論的研究（1993）」である。石田は計画論的研究を「現状分析・変容研究」「歴史研究」の成果と「計画提案」という実践を結びつけるものと位置づけた。そして、計画の思想は浸透していないが日本の都市の形成発展は都市計画の影響下で行われてきたという理解を前提とし、都市形成史を都市計画制度・技術の適用過程として検討し、その改良すべき点を発見することも計画者の責任だと考えた。その文の後半では計画の機能・概念を「予測し、それに備える」ほかに、関連する主体の「要求の矛盾の調整」が主要な役割であり、公共的観点からのものだけでなく、特定の地域の住民の合意による共同の計画も重要だと述べてまちづくり活動に言及したが、その歴史研究の方法は明記していない。

　石田の時代から20年以上を経た現在、都市の開発、特に被災後の開発の状況は、それが決して計画のみに従って形成しえない複雑なものであり、それを行政や専門家の責任に帰するのが不可能なのは明らかである。だが現在、石田が前提としていた計画思想不在の日本の状況が、実は表面に見える論理的・客観的な「予測と対応」の計画外の、当事者自身の「要求の矛盾」の解決で地域的・漸進的に多くが形成されてきたことや、そのダイナミズムがまちの魅力の源だったこと、つまりもう一つの計画の時代だったことを、多くの歴史研究が示唆している。石田が語り残したことを考えると、この計画不能の状況を我々はむしろこの新たな歴史観や計画概念を構想する機会とすべきだろう。そして目に見える事象の背後にある、制度以前の生活の論理を抽出して、常に多様な主体が現在から語り直し読み解き直されるさまざまなエピソードが共存する歴史観、相互の要求の矛盾を調整する共感と協同の計画の姿を示す必要がある。その意味で、本書は都市や地域計画の研究、まちづくり研究や生活史研究にとって新たな地平を開くものだと思う。

文責：黒石いずみ

歴史的認識と計画

　各執筆者は都市計画・まちづくりにとって「歴史①」がいかなる意味を持つかを問うている。それは、「歴史」と「計画」との重なり合うところに何が生まれるのかという問いでもある。そのために、各自、フィールドとした地域で人々と「歴史②」を掘り起こすという作業に携わったここ数年の研究成果［歴史③］を省み、ここに物語っている［歴史④］のである。歴史②が各研究の表のテーマかもしれないが、振り返ってみると、歴史④ないし③、つまりそれぞれの物語の仕方にこそ、4論文の違いが明確になっており興味深く思われる。そこには歴史的認識の方法の違いが表れているのである。

　各執筆者は、歴史②を自身の眼に見えてきた限りにおいて正しく記述しているはずなのだが、読者がそこに読む構造は、歴史④ないし③の過程を通して、歴史③ないし②の中に見出された構造であり、歴史④ないし③が③ないし②に付与した、あるいはそこから掘り起こしたものではないか。4論文の違いは、対象の違いであると同時に、四つの見方、つまり歴史的認識に至るアプローチの違いである。

　そして、都市計画・まちづくりにとって重要な「歴史①」というのは、歴史的事実②以上に、④、③に見られる歴史的認識の方法ではなかろうか。そして、これまで都市計画研究・教育・実務において欠けていたものは、まさにこの歴史的認識に至る方法ではないか。確かに、都市計画に都市計画制度史や都市史（都市計画技術史や都市建設史）はあるが、それらは歴史的事実を確認するにとどまっていたのではないか。経験を検証する方法、時代状況を多角的に検討し再構築する方法、語り合いの中から共通了解をつくり出す方法、個別事象から総合的認識に至る方法、そしてそれらの記述方法など、意識してトレーニングすべきことかと思うのである。どれが良いというのではなく、より深く考えるために必要なレパートリーを築きたい。

　序論でも記したが、研究者はもちろんのこと、漸進主義的計画やまちづくりを進める上では、計画技術者や市民にとっても歴史的認識方法の涵養は避けて通ることができないものとなろう。本書の副産物ではなく、むしろより大きな意義は、歴史的認識の重要性の再認識ではないかと考えたことを、今後に続く課題として記しておきたい。

文責：小林敬一

[著者紹介]（五十音順）

黒石いずみ（くろいし・いずみ）　2章
1953年生まれ。東京大学工学部建築学科卒業、同大学院終了、ペンシルバニア大学GSFA Ph.D.青山学院大学総合文化政策学部教授。専門は都市建築史と理論・デザイン史・生活学。著書は『建築外の思考―今和次郎論』ドメス出版、『東北の震災復興と今和次郎：ものづくり・くらしづくりの知恵』平凡社、『Constructing the Colonized Land:Entwined Perspectives of East Asia around WWII』Ashgate、『Confabulations:Storytelling in Architecture』（共著）Routledgeなど。Canadian Center of Architecture Research Fellow（2015）。

小林敬一（こばやし・けいいち）　序章・1章
1958年生まれ。東京大学工学部都市工学科卒業。工学博士。東京大学工学部助手などを経て東北芸術工科大学教授。専門は都市計画・都市デザイン。著書は他に、『都市計画変革論―ポスト都市化時代の始まり』鹿島出版会、『詩に詠まれた景観と保全―福島県高子二十境の場合』西田書店、共著に『景観再考―景観からのゆたかな人間環境づくり宣言』日本建築学会編、鹿島出版会など。

中島　伸（なかじま・しん）　4章
1980年生まれ。東京大学大学院工学系研究科博士課程修了。博士（工学）。練馬まちづくりセンター専門研究員、東京大学大学院工学系研究科助教を経て東京都市大学都市生活学部講師。専門は都市計画史・都市デザイン・公民学連携のまちづくり。著書は他に、東京大学都市デザイン研究室編著『図説都市空間の構想力』学芸出版社、『商売は地域とともに　神田百年企業の足跡』東京堂出版など。

宮下貴裕（みやした・たかひろ）　3章
1990年生まれ。慶應義塾大学総合政策学部卒業、同大学大学院政策・メディア研究科修士課程修了、東京大学大学院工学系研究科博士課程修了。博士（工学）。東京大学大学院工学系研究科特任研究員。専門は都市計画・都市デザイン。「2014都市・まちづくりコンクール」審査員特別賞受賞。

時間の中のまちづくり
歴史的な環境の意味を問いなおす

発行：2019年6月15日　第1刷発行

著者：黒石いずみ・小林敬一・中島 伸・宮下貴裕（五十音順）
発行者：坪内文生
発行所：鹿島出版会
〒104-0028　東京都中央区八重洲2丁目5番14号
電話 03-6202-5200　振替 00160-2-180883
ブックデザイン：田中文明
印刷・製本：壮光舎印刷

©Izumi Kuroishi, Keiichi Kobayashi, Shin Nakajima, Takahiro Miyashita, 2019
Printed in Japan
ISBN978-4-306-07352-4 C3052
落丁・乱丁本はお取替えいたします。
本書の無断複製（コピー）は著作権法上での例外を除き禁じられております。
また、代行業者などに依頼してスキャンやデジタル化することは、
たとえ個人や家庭内の利用を目的とする場合でも著作権法違反です。

本書の内容に関するご意見・ご感想は下記までお寄せください。
URL：http://www.kajima-publishing.co.jp
e-mail：info@kajima-publishing.co.jp